学 Python 也可以
这么有趣

狮范客工作室 ◎ 主编

耿景武 檀飞飞 ◎ 编著

人民邮电出版社

北 京

图书在版编目（CIP）数据

学Python也可以这么有趣 / 狮范客工作室主编 ; 耿景武, 檀飞飞编著. -- 北京 : 人民邮电出版社, 2021.11（2022.9重印）
ISBN 978-7-115-56892-2

Ⅰ. ①学… Ⅱ. ①狮… ②耿… ③檀… Ⅲ. ①软件工具－程序设计 Ⅳ. ①TP311.561

中国版本图书馆CIP数据核字(2021)第134700号

内 容 提 要

本书是一本通过漫画形式讲解 Python 的入门书，基于 Python 3.7 版本编写，介绍了 Python 的特点、Python 的应用领域、Python 环境的安装等学习 Python 的预备知识，以及 Python 的基本语法、基本类型、二进制、内置容器类型、运算符、分支结构、循环结构、函数等相关知识。

本书适合对计算机了解不多，没有系统地学习过编程，但对编程感兴趣的读者阅读。

◆ 主　　编　狮范客工作室
　　编　　著　耿景武　檀飞飞
　　责任编辑　李　宁
　　责任印制　陈　犇
◆ 人民邮电出版社出版发行　　北京市丰台区成寿寺路 11 号
　　邮编　100164　　电子邮件　315@ptpress.com.cn
　　网址　https://www.ptpress.com.cn
　　北京捷迅佳彩印刷有限公司印刷
◆ 开本：700×1000　1/16
　　印张：15.75　　　　　　　　　　2021 年 11 月第 1 版
　　字数：266 千字　　　　　　　　2022 年 9 月北京第 3 次印刷

定价：69.90 元

读者服务热线：(010)81055410　印装质量热线：(010)81055316
反盗版热线：(010)81055315
广告经营许可证：京东市监广登字 20170147 号

前言

随着数据科学的蓬勃发展，Python 这门编程语言已不再局限于程序员群体，可谓"破圈"（注：指某个人或他的作品突破某个小的圈子，被更多的人接纳并认可）成功。如今 Python 已经成为 IT（信息技术）、数学、金融、科研等专业领域从业者的必修课。尽管 Python 语言已经足够简单有趣，但是传统技术图书干巴巴讲述知识的形式还是让不少读者望而却步。

本书主创团队深知，学习知识从来不能仅靠传授者的单方面努力，还需要学习者的相向而行，于是创作一本别样的 Python 入门图书，让它帮助传授者和学习者从两端同时努力的想法应运而生。

一方面，我们从传授者的角度出发，努力将知识拆解重整并陈述得清晰易懂，因此我们认为丰富的比喻、图解和完整的代码演示必不可少；另一方面，我们从学习者的角度出发，竭力激发学习者持续不断地学习的兴趣和勇气，因此创设问题情景、对话教学等理念呼之欲出。

最终我们选择了漫画形式作为贯彻、落实这一理念的载体。"老狮"这一角色在书中承担了传授者的角色，"小奇""小酷""小范"还有读者您共同分担了学习者的任务。希望读者在学习中，多动脑、勤动手，这是学习所有编程语言的有效法门。

本书的目标是让您能够顺利地进入 Python 程序员的圈子，对 Python 的核心概念有直观理解的同时具备基本的编程能力。

最后，感谢人民邮电出版社的策划编辑李宁老师，她在本书创作过程中给予我们指导与鞭策；感谢曹欧阳、刘一力、白杨三位老师对书中漫画、图解的绘制工作；感谢高蒙蒙老师在图书素材处理方面所做的工作。

老狮

小范

目 录

小奇

小酷

程序员和编程

自从人类发明了计算机，地球上就诞生了一种奇特的生物……

注："程序猿"是程序员对自己的一种幽默叫法。

他们就是程序猿

咚

传说中他们通过"符咒"可以与计算机沟通……
命令计算机做各种稀奇古怪、脑洞大开的事情。

他们可以让你和千里之外的人聊天！

哼，不就是QQ、微信嘛！

他们也可以让你在虚拟世界里指挥千军万马纵横驰骋。

唉，打个游戏让你说得这么波澜壮阔。故弄玄虚！

1

程序猿就是未来的大明星!!

在繁华的都市中有一处净地——狮范阁，那里是程序猿的修炼圣地！

总算跟着导航找到这里了！

一个40多岁神态安详的中年人端坐在他面前。

您好，阁主，我想成为一名神奇的程序猿。

神奇的程序猿？你为什么认为他们神奇？

因为我听说程序猿都可以通过咒语和机器交谈，机器都听他们的命令。

咒语？那你得先学会画"符咒"了！这种"符咒"我们这里都叫它代码。它是用某种编程语言写成的，这是一种机器能够理解的语言。如果你掌握了编程技能，那你就是一个"神奇"的程序猿了。

代码？编程语言？编程？这几个东西到底是啥玩意儿啊？脑壳疼！

你好！　明白！

中文

print(˝你好˝)　明白！

编程语言

编程语言就像我们学的文字

写文章

编程

编程就好比用文字写文章

文章

代码

代码就是写好的文章

3

阁主，我有点儿好奇，那些机器个个看起来呆呆傻傻的，一副很二的样子，它们能听懂啥语言啊？

哎呀！你真是个天才！让你说对了！

那些机器确实"很二"！它们只认识"0"和"1"这两个数字，比如想让它们计算5+6等于几，就要发送类似下面的指令：
10110000 00000101
00101100 00000110
11110100
这种语言就叫机器语言，计算机只能理解机器语言！

我的天啊！

看到这种东西，大脑都休克了，谁能学会这种变态的语言！

最开始能学会机器语言的都是骨骼清奇、百年难得一见的编程奇才。后来世界上的计算机越来越多、性能也越发强大，人类对计算机的需求也变得五花八门，越来越高，这就需要编写更多更复杂的应用程序来满足人类的需求，那就需要更多的程序猿。

但编程奇才是可遇而不可求的，怎么培养更多的程序猿呢……

时代造就英雄，有一位"大神级"的程序猿闭关修炼多年，终于发明了一种新的编程语言——汇编语言，它比机器语言更容易读懂和掌握，降低了程序猿的入门门槛，程序猿的群体就慢慢壮大了。

计算机不是只能理解机器语言吗？……

那它怎么理解汇编语言呢？

你有所不知，那位前辈同时也发明了汇编语言编译器，它可以将汇编语言翻译成机器语言。其他程序猿每次与计算机沟通的时候，只需要使用汇编语言编写代码，然后再使用编译器将代码自动转换成机器语言，这样计算机就能理解了。

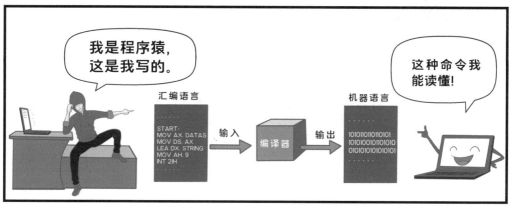

我是程序猿，这是我写的。

汇编语言

```
START:
MOV AX. DATAS
MOV DS. AX
LEA DX. STRING
MOV AH. 9
INT 2IH
```

输入

编译器

输出

机器语言

1010101101101101
1010100101101010
0101010101010101

这种命令我能读懂!

你好

你好

hello

翻译

啊，我懂了! 是不是就像我是说中文的，碰见一个英国人，我如果想跟这个英国人交流，就必须找一个翻译，让他把我的话翻译成英语。

孺子可教也!

5

是不是所有程序猿都使用汇编语言？

当然不是了，人类对机器的要求是永无止境的。不仅计算机已经融入每一个人的生活和工作当中，而且手机、空调、电冰箱、汽车等都可以通过程序进行控制，以便为人类提供更方便、更强大的服务。

让人更吃惊的是，通过编程，我们可以让机器像人类一样学习、思考、判断、决策。

时势造英雄，不断有"大神级"程序猿发明新的编程语言和与之对应的编译器。这些编程语言越来越简单，学会的人也就越来越多。

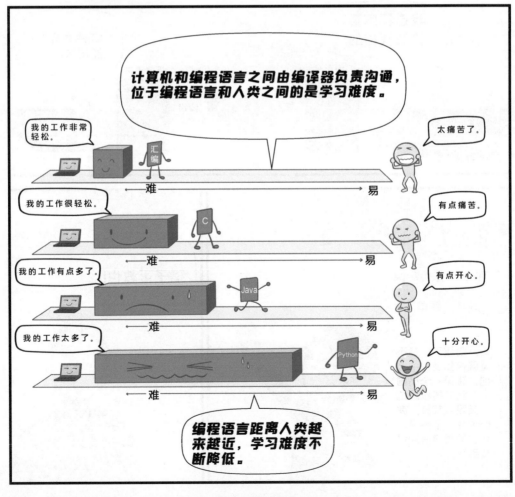

计算机和编程语言之间由编译器负责沟通，位于编程语言和人类之间的是学习难度。

我的工作非常轻松。

汇编

难 —————————— 易

太痛苦了。

我的工作很轻松。

C

难 —————————— 易

有点痛苦。

我的工作有点多了。

Java

难 —————————— 易

有点开心。

我的工作太多了。

Python

难 —————————— 易

十分开心。

编程语言距离人类越来越近，学习难度不断降低。

据可靠消息，人类准备启动"全民编程计划"，开始在小学普及编程教育！

天呐！太疯狂了！

目前世界上有几百种编程语言，最流行的有 C、C++、Java、SQL、Python、PHP、JavaScript、Golang、R、Swift、Ruby、Scala、Rust、Kotlin 等！

谁是世界上最好的编程语言？

嘘！千万别在程序猿面前提这个话题，这会引发世界大战的！

那您悄悄告诉我……

到底谁是世界上最好的编程语言？

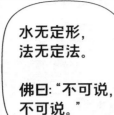

水无定形，
法无定法。

佛曰："不可说，
不可说。"

我懂了！没有所谓最好的编程语言，每种编程语言都有自己擅长的领域。比如人类发明了汽车，但依然不妨碍很多人出行选择自行车，但一家人出门远游汽车更合适。

一个优秀的程序猿会根据应用的领域选择最合适的编程语言！

小奇，这些老狮负责编程语言的授课，你挑一位，跟着他学习吧！

砰！

阁主，我要师从这位老狮！

夜深了

老狮，天下这么多种编程语言，我们修炼 Python 的优势有哪些呢？

Python 是一个免费的工具，只要你想使用它，就可以免费获得。

更重要的是Python是开源的!

免费还好理解，可是开源是什么意思？

Python 起初是由 C 语言编写的，这些 C 语言的代码是可以下载和查看的。大家可以把 Python 想象成一个强大的机械工具，它由很多零件组成，但是这个机械的设计图纸谁都可以免费查看。这就是开源!

除了免费、开源，还有吗？

当然有!

9

这两种"快"哪一种更重要呢？

咱们中国的太极图你应该见过吧，没有绝对的白，也没有绝对的黑，你中有我，我中有你。

老狮，您不要绕弯子了，说得这么高深。

不要着急嘛。这两种"快"往往需要根据实际需求做出取舍和平衡，没有绝对的重要和不重要。

有时候我们在追求开发快的时候也会兼顾运行的速度不能太慢，而有的时候我们在追求程序运行快的同时也会考虑开发的速度不能太慢。

那 Python 是哪一种"快"呢？

Python 的快在于**开发速度"快"**，放眼天下编程语言无出其右。当你成为编程高手的时候，让 Python 运行速度快也并非遥不可及的事。

我现在都没有入门，成为高手谈何容易啊！

那你修炼 Python 这门功夫算是选对了。咱们 Python 比起其他功夫学起来容易多了。

为什么呢？

设计一门语言时设计者们心中会有一台天平。天平的一头代表机器思维，另一头代表人类思维，他们会在天平的两头进行取

机器思维　　　　人类思维

倾向机器思维表示这门语言更希望开发人员按照计算机的运作方式来思考，从而获得很高的执行效率，相对地学起来也就难一些了，这类语言的代表是 C 语言；而倾向人类思维的代表则是 Python，这类语言甘愿牺牲一些性能来换取在解决问题时能够保留更多的人类思考方式，因此学起来也就容易些。

各门功夫到最高境界都很难修炼吧?

你说的没错,但是倾向人类思维的语言更容易入门。

可别小瞧入门容易这个事!你知道舞蹈演员都会练习的一个高难度动作吗?

不知道……

那就是一字马,俗称劈叉。

老狮,真看不出来,您还有这本事呢!

如果我现在让你来一个劈叉,可以吗?
不能的话我可以帮帮你。

当然不可以!

怕了吧,你是不是更愿意从容易入门的动作开始?

果然有道理!

Python 的强大可不止这些,我告诉你个厉害的。

13

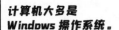

计算机大多是
Windows 操作系统。

我们经常浏览的网站，其程序大多是运行在与你相隔数十到数千千米远的服务器上，它们使用的是 Linux 操作系统。

手机是 Android 或者 iOS 等操作系统！

用 Python 写的程序基本不用修改，就能够在这些系统上运行。这种强大的能力在技术界我们称作**可移植性强**。

能不能说得再形象一点呢？

你可以这样想，你是火星的统治者，而你们星球拥有强大的科技。

有一天，你带领子民访问地球。

15

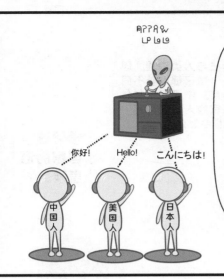

接着，凭借火星强大的科技实力并结合学会的语言，火星人发明了一批翻译机。

翻译机能将火星语直接翻译成地球上不同国家的语言。以后每个火星人都可以通过翻译机与不同国家的人沟通，再也不用重新学习地球语言，你说厉害不？

我们回到计算机，各个操作系统的指令就好比各个国家的语言，我们写的 Python 程序就是火星语，而那个翻译机在 Python 这门语言中被称作解释器，它负责将 Python 程序翻译成系统指令，因此 Python 是一门解释性语言。

这还不算什么，还有更厉害的呢！我们之前说过，Python 强在不仅开发快，运行速度也可以很快。

这么厉害！赶快说给我听听！

这就要说说 Python 的**可扩展性**了。

简单来说就是 Python 本身运行不快，但是它可以控制由 C 语言这类语言编写的跑得快的程序工作。

这就是你所谓的"简单来说"吗？

我们都知道，人跑步的速度不算快。但是人可以通过骑自行车加快速度，对不对？

这些自行车是不是对人类双腿的扩展呢？

Python 就像人的双腿，而 C、C++ 这些语言就像自行车，可以让程序跑得更快。

原来如此！还有其他特性吗？

当然有了，Python 还是一门**面向对象**的编程语言。

20 世纪 50 年代时编写程序流行的是面向过程的思想。这种思想写出来的程序往往逻辑过于复杂，代码晦涩难懂，还有很多你现在无法理解的问题。

后来人们开始思考，能不能使计算机模拟现实的环境，以人类解决问题的方法、思路、习惯和步骤来设计程序呢？随着时间的推移，**面向对象**的思想就应运而生了。

好深奥！

刚刚学习 Python 的人很难领悟这一点，不过我们在以后会花不少时间去学习它，大家现在只要知道它是怎么出现的就行。

来日方长，等你学会了它，你会爱上这个思想的。

这回没有别的特点了吧？

还多着呢，我最后再给你介绍一个吧，那就是 Python 可嵌入的特点。

这又是什么？

比如某个公司要开发个系统，对运行效率要求很高，于是采用 C 或者 C++ 开发，但是这类语言开发效率很低。

后来我们发现，并不是所有功能都要求运行效率高。

这个时候我们就想是否可以让 Python 来帮帮忙，让它与 C 或者 C++ 打交道。

而我们仅与 Python 打交道。

简单来说 Python 可以自降身份，给由其他语言开发的系统打个下手，提高它们的开发效率。

完全不明白！

举个例子，假如你是一个身价百亿的大老板，你租了一辆劳斯莱斯，租车公司还给你配了一个专职司机，是不是很有面子？

大老板还租车？

这个不重要！现在问题来了，这个司机是个外国人，而且他说的语言非常难学。

你很难指挥他，请问该怎么办？

换个司机呗！

嗯……不能换司机，他们是一体的，车在人在，车亡人亡！这是捆绑销售，懂了吗？

这么多套路！我是没有法子了。

可扩展性和可嵌入性的区别

可扩展性和可嵌入性的关键区别在于项目中 Python 所处的位置。

可扩展性体现在项目的主导语言是 Python，C/C++ 语言为 Python 打下手，解决 Python 的性能瓶颈问题。

可嵌入性体现在项目的主导语言是 C/C++，Python 为 C/C++ 语言打下手，解决 C/C++ 的开发效率问题。

吱吱……

小奇，这是今天新来的同学，小酷和小范。

你们好！

你好！

同学们，大家刚认识，下星期我们一块出去旅游，增进大家的感情！

你们百度上搜一搜，去哪里玩比较好呢？

百度上有那么多信息，都是它自己写的吗？

不是的，百度网站所用的技术叫作搜索引擎。而用搜索引擎查询后有那么多内容，又是依赖一个叫作**爬虫**的技术，它可以从互联网上的各个网站搜集信息，将网站的地址和内容做一个摘要并记录下来。当你搜索的时候就有相应的信息和信息的出处了。

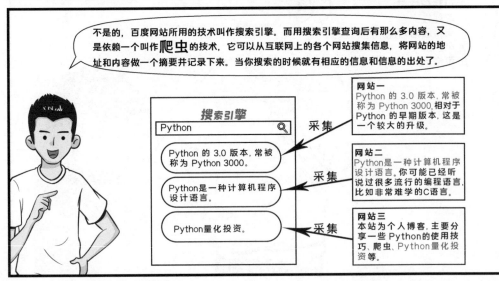

搜索引擎

Python 🔍

Python 的 3.0 版本，常被称为 Python 3000。

Python 是一种计算机程序设计语言。

Python 量化投资。

采集

采集

采集

网站一
Python 的 3.0 版本，常被称为 Python 3000，相对于 Python 的早期版本，这是一个较大的升级。

网站二
Python 是一种计算机程序设计语言，你可能已经听说过很多流行的编程语言，比如非常难学的C语言。

网站三
本站为个人博客，主要分享一些 Python 的使用技巧、爬虫、Python 量化投资等。

完全不明白!

打个比方吧!假如互联网像一个巨大的图书馆,无边无际,每天都有大量的图书上架下架,它们被放在不同的书架上,并打上唯一的标识号。

这里的图书很特别,有的多年不变,有的更新再版频繁,最快的更新速度用秒计算都有些慢!

No.1   No.2

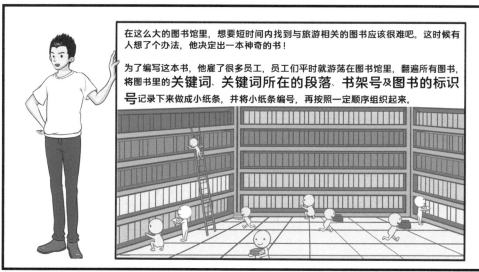

在这么大的图书馆里,想要短时间内找到与旅游相关的图书应该很难吧。这时候有人想了个办法,他决定出一本神奇的书!

为了编写这本书,他雇了很多员工,员工们平时就游荡在图书馆里,翻遍所有图书,将图书里的**关键词、关键词所在的段落、书架号及图书的标识号**记录下来做成小纸条,并将小纸条编号,再按照一定顺序组织起来。

23

纸条如下

纸条编号	000134
关键词	旅游
段落	夏天旅游好地方,厦门值得推荐哦
书架号	No.1
图书标识号	10

拼音	关键词	页码
lǚxíng	旅行	1
lǚyóu	旅游	2
lǜyóu	滤油	3
lǘ·zi	驴子	4
......	......	......

2 旅游

纸条:000134
纸条:000165
纸条:110001
纸条:110005
......

然后他又将所有关键词按照一定规则编写成词典的目录,比如按照拼音的字母顺序。

再将关键词和包含该关键词的所有纸条编号汇总成页。

最后将目录和每一页装订成词典。

输入

[lvyou]

拼音	关键词	页码
lǚxíng	旅行	1
lǚyóu	旅游	2
lǜyóu	滤油	3
lǘ·zi	驴子	4
......	......	......

1 旅行	2 旅游	3 滤油
纸条:280135	纸条:000134	纸条:934458
纸条:707153	纸条:000165	纸条:098957
	纸条:110001	纸条:213415
	纸条:110005	纸条:432424
	......	......

有了这本书,人们就可根据目录找到某个词对应的页码。比如,根据拼音"lǚyóu"(键盘输入为lvyou)找到关键词"旅游",然后找到【页码2】。

在这一页上,写着几张纸条的编号,只要拿到这些编号对应的纸条就可以看到纸条上相关的内容段落和段落出处,是不是比漫无目的地逛图书馆快多了?

纸条编号	000134
关键词	旅游
段落	夏天旅游好地方,厦门值得推荐哦
书架号	No.1
图书标识号	10

图书馆里的图书指代的是互联网上的一个个网站，书架号和图书标识号合起来可以理解成网站的地址。这本神奇的图书可以理解为搜索引擎，那些游荡在图书馆翻看图书并记录纸条的工人就是运行的爬虫。

明白了!

你知道开发爬虫用哪个语言最方便吗?

不会是Python吧?

没错!就是它!

天气热，女同学别忘了买防晒霜！

有一家网站可以抢购物优惠券。

算了吧，你抢不到的！

这也未必，前面说到的爬虫其实还有一个强大的用途，就是开发自动化抢券、抢票神器。我帮你写一个，看看可不可以帮你抢到优惠券！

搞技术的好可怕！

一周后，高铁候车厅。

你怎么带了旅行帐篷、钓鱼竿、登山杖、折叠座椅……这么多东西啊！

我起初在网上买了个旅行包，没想到网站不断给我推荐相关产品，我一冲动就都买了。

真是有钱人呀！

27

大家知道为什么这个网站会不断给小酷推荐商品吗？

不知道！

这里应用到一项技术，叫**数据分析**。

那些卖东西的网站会分析你之前买过、访问过的产品的信息，再结合其他购买这个产品的客户的数据等信息，得出你有可能需要的产品并推荐给你。有句话是这么说的："买一件不如买两件，买两件不如买一套。"

我说的……

谁说的？

出发前一起合个影吧！

好呀！

小范，你美颜是不是开得太厉害了？我们都成明星脸了！

你们猜猜手机是怎么识别出我们的脸部的？

近几年流行的人工智能技术嘛！

真聪明！

果然小奇最了解我！那你知道开发人工智能最流行的编程语言是什么吗？

不会又是Python吧！

受够你们两个了！

说到人工智能，除了人脸识别，它能做的事情还多着呢。比如，将语言转成文字、将图片变成凡·高的画风、和人类下围棋、智能客服，等等。

各位乘客请注意，G1564 车次列车到站……

请大家排队检票……

几分钟后，大家总算安定下来。

管理这么复杂的铁路线仅靠人力怎么想都不可能啊!

铁路部门有一套非常复杂的软硬件系统来实时监控、指挥、调度列车，用以提高工作效率，同时确保乘客更加安全。

互联网公司和它有很多相似的地方。一些大型网站的工作服务器有成千上万台，就好比铁路系统运作的列车，仅靠人来管理非常不现实，这就需要一项技术能够自动监控、管理这些服务器。当机器出现问题时还要能及时通知相关责任人。这门技术的名字叫作自动化运维，而学习这门技术最佳的编程语言便是……

又来了!

肯定还是 Python。

哈哈，就是 Python。其实还有个技术叫自动化测试，听名字很容易把它和自动化运维混淆。我先解释一下什么是软件测试。

打个比方，我成立了一家汽车公司，并且刚刚造了一辆汽车。我们肯定不能直接开着它上路，因为我们并不知道它实际开起来有哪些毛病、性能如何，对不对?

对!

100米 200米 刹车测试 600米 700米

方向盘测试

对!

那我们是不是要找人测试一下啊?

看看刹车有没有问题,方向盘好不好用,车子跑得快不快,等等。

对!

对!

开发软件也是这样,软件写完了是需要测试的,因此催生出了软件测试这个岗位。现在的软件系统越来越复杂,仅靠人工测试效率明显跟不上。后来测试人员发现,很多测试可以通过编写一些程序自动完成。

这极大地节省了人力、时间、硬件等资源,并且提高了测试效率。自动化测试这个岗位就诞生了,而掌握 Python 的人特别适合这个岗位。

安装 Python 环境

开始编程前，需要先安装 Python。下面我们开始 Windows 操作系统下的安装。

Python 能够运行在很多操作系统上，大家可以到Python 的官网下载对应的安装包，按照说明安装即可。

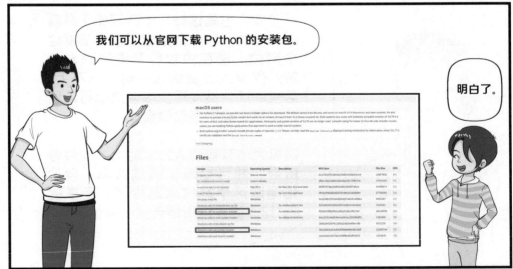

我们可以从官网下载 Python 的安装包。

明白了。

为了方便大家，我这里提供了 Python 安装包的百度网盘。

二维码：

我怎么知道自己计算机的操作系统是 32 位还是 64 位的呢？

这个简单。先用鼠标右击"此电脑"，然后从弹出的快捷菜单中选择"属性"菜单项。你在打开窗口的"系统类型"那一栏就可以看到了。

属性

系统类型　64 位操作系统，基于 x64 的处理器

64 位和 32 位的操作系统有什么区别啊？

计算机的大脑 CPU 有 64 位和 32 位的，它们单位时间内每次处理数据的能力是不一样的。

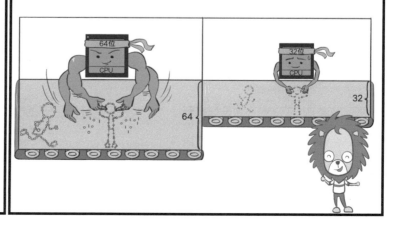

就像成人和孩子骑的自行车大小是不一样的，64 位 CPU 和 32 位 CPU 需要对应大小的操作系统。

32位CPU

64位CPU

32位操作系统

64位操作系统

Python 有两个版本系列：Python2.x 和 Python3.x。

老了，退休了……以后交给你了。

强烈建议大家使用 Python3.x，因为 Python2.x 已经在 2020 年退休了。

我正处在当打之年，以后交给我吧！

Python2.x

Python3.x

这个小酷……

这是好事啊，少学一个版本就能少死点儿脑细胞。

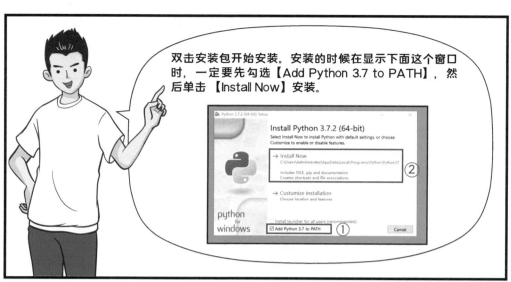

双击安装包开始安装。安装的时候在显示下面这个窗口时，一定要先勾选【Add Python 3.7 to PATH】，然后单击【Install Now】安装。

我怎么知道我的计算机上正确安装了 Python 呢？

1.按 ⊞ +R组合键，在弹出的窗口中输入cmd并按下回车（Enter）键。

2.在弹出的黑窗口中输入Python并按回车键，如果和图片所示类似，那么说明安装成功了。

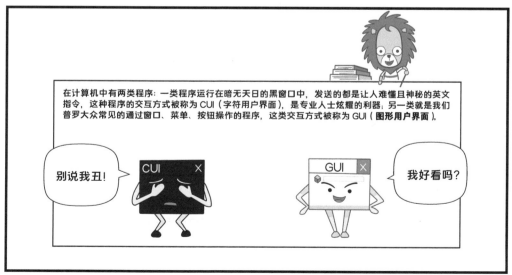

在计算机中有两类程序：一类程序运行在暗无天日的黑窗口中，发送的都是让人难懂且神秘的英文指令，这种程序的交互方式被称为 CUI（字符用户界面），是专业人士炫耀的利器；另一类就是我们普罗大众常见的通过窗口、菜单、按钮操作的程序，这类交互方式被称为 GUI（**图形用户界面**）。

别说我丑！

我好看吗？

Python 安装完成了!!

我该如何启动 Python？

在开始菜单中找到"Python3.7"下面的"IDLE（Python 3.7 64-bit）"，单击这个选项。

```
Python 3.7.2 Shell
File Edit Shell Debug Options Window Help
Python 3.7.2 (tags/v3.7.2:9a3ffc0492, Dec 23 2018,
23:09:28) [MSC v.1916 64 bit (AMD64)] on win32
Type "help", "copyright", "credits" or "license()"
for more information.
>>>
```

你会看到打开的 IDLE 窗口。>>> 是提示符，表示你可以在它后面发号施令编写代码了!

IDLE 这家伙脑袋方方正正的，不知有啥能耐？

IDLE 在编程界有个非常厉害的名字 IDE（**集成开发环境**），它是程序猿居家、旅行的必备工具，几乎可以帮助程序猿搞定一切——编辑、编译、调试、执行……

编译？

调试？

？？？

这个 IDLE 好像很强大，但这些稀奇古怪的词都是什么啊？

不要害怕，这些东西你以后慢慢就会明白的。现在你就把自己想象成一位大厨，IDLE 就是厨房，那里面有你烹饪时需要的任何物料。

IDLE 厨房

下面就向计算机下达我们的第一条指令：在提示符 >>> 末尾的光标后面键入：
print("Hello World")
然后按回车键。切记每输入一行指令，就要按下回车键。

按下回车键之后，我们会得到这样一个响应：
Hello World

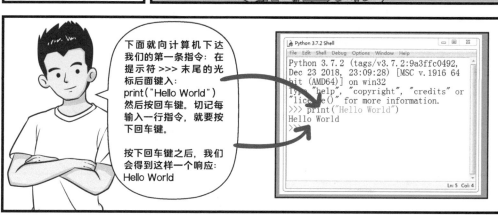

```
Python 3.7.2 Shell
File Edit Shell Debug Options Window Help
Python 3.7.2 (tags/v3.7.2:9a3ffc0492,
Dec 23 2018, 23:09:28) [MSC v.1916 64
bit (AMD64)] on win32
Type "help", "copyright", "credits" or
"license()" for more information.
>>> print("Hello World")
Hello World
>>>
                                          Ln: 5  Col: 4
```

Python 会完全按照你说的去做，将消息：

Hello World

打印（print）出来。

打印？
我都没见到打印机！

37

在编程中，打印往往指的是在屏幕上显示文本，而不是将文本用打印机打印在纸上。学习编程时很多时候像学数学时套用公式，比如在屏幕上打印文本消息要遵守这样的公式：

双引号之间的内容为屏幕上要显示的字符串

print()函数表达的是要在屏幕上打印内容

消息内容可以是任意字符串

小奇，你尝试写一行代码，在屏幕上打印出"你好，Python"。

```
>>> print("你好, Python")
你好, Python
>>>
```

哈哈，计算机终于按照我的指令做事了，这种控制计算机的感觉太棒了！

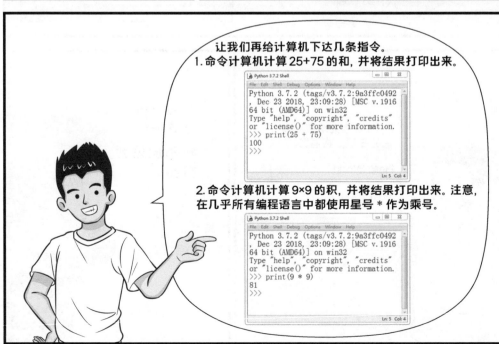

让我们再给计算机下达几条指令。
1. 命令计算机计算25+75的和，并将结果打印出来。

```
Python 3.7.2 (tags/v3.7.2:9a3ffc0492
, Dec 23 2018, 23:09:28) [MSC v.1916
64 bit (AMD64)] on win32
Type "help", "copyright", "credits"
or "license()" for more information.
>>> print(25 + 75)
100
>>>
```

2. 命令计算机计算9×9的积，并将结果打印出来。注意，在几乎所有编程语言中都使用星号 * 作为乘号。

```
Python 3.7.2 (tags/v3.7.2:9a3ffc0492
, Dec 23 2018, 23:09:28) [MSC v.1916
64 bit (AMD64)] on win32
Type "help", "copyright", "credits"
or "license()" for more information.
>>> print(9 * 9)
81
>>>
```

小奇，你有没有发现这两个例子中 print（ ）函数里的内容没有用双引号引起来？这些内容有啥特征呢？

像文本一样的字符串，在 Python 里能不能相加呢？

我建议你不妨自己试一下。

它们都是数字，而且这两个例子都是数学运算。我明白了，这种情况不用加双引号！

```
Python 3.7.2 Shell
File Edit Shell Debug Options Window Help
>>> print("hello " + "world!")
hello world!
>>> |
                                   Ln: 39 Col: 4
```

哈哈，字符串也支持"+"号操作，它就是把两个字符串拼接起来。我猜测

print("a" + "b" + "c")

会在屏幕上打印出 abc。

编程语言有很多条条框框的语法，就跟你学汉语、英语一样，随着后面的学习你慢慢就懂了。

print() 函数的本事多着呢！你看下面的代码：

```
Python 3.7.2 Shell                          □ ▣ ✕
File Edit Shell Debug Options Window Help
>>> print("小奇", "小酷", "小范")
小奇 小酷 小范
>>>
                                      Ln: 33  Col: 4
```

应用 print() 函数时，你可以给它传多个字符串，每个字符串之间用逗号分隔，print() 函数就会把这些字符串用空格拼接起来，打印在屏幕上。

目前为止，我们写代码的方式称为**交互式编程**，即写一行代码后按回车键，系统会立即反馈。但如果代码多起来，交互式编程就不合适了，因为关闭 IDLE 后再打开它，你会发现之前写的代码都丢失了。

这跟打游戏不存盘一样倒霉啊！那怎么办啊？

你可以用另外一种模式编程——脚本模式。选择 IDLE 的 File 菜单，在打开的菜单中选择 New File 菜单项。

```
Python 3.7.2 Shell                              □ ▣ ✕
File Edit Shell Debug Options Window Help
New File          Ctrl+N      s/v3.7.2:9a3ffc0492, Dec 23
Open...           Ctrl+O      MSC v.1916 64 bit (AMD64)] o
Open Module...    Alt+M
Recent Files           ▶
Module Browser    Alt+C      yright", "credits" or "licen
Path Browser                 formation.
Save              Ctrl+S
Save As ..        Ctrl+Shift+S
Save Copy As..    Alt+Shift+S
Print Window      Ctrl+P
Close             Alt+F4
Exit              Ctrl+Q
                                          Ln: 3  Col: 4
```

在这个窗口键入代码，然后按组合键 Ctrl + S 保存代码，输入文件名 example01.py。

我将它放在D盘的get_start文件夹中。

注意：Python 编写的代码在保存的时候扩展名必须是 .py，这样才能被识别为 Python 程序。

下次如果你想继续编辑这个文件，在 IDLE 窗口中选择 File 菜单，然后再选择 Open... 菜单项。

在弹出的窗口中选择刚刚保存的 example01.py 文件，单击打开按钮就可以了。

如果你想执行这个文件的代码，那么可以选择 Run 菜单下的 Run Module 菜单项或者直接按 F5 快捷键。

一般习惯写成两行，但如果非要写成一行，每条指令之间必须用分号分隔，就像下面这样：

print("你好,Python!");print("预见更美好的自己")

但我强烈反对这种写法！

print("你好，Python!")
print("预见更美好的自己")

这两条指令必须写成两行吗？

首先每行一条指令（语句）更容易读。

另外每个行业都有自己的行规和惯例，大家都习惯一行只写一条指令（语句），你非要搞特殊，注定会被人鄙视的！

43

认真观察一下，你会发现无论和谁打招呼都是这样的格式：

"早上好，人名"

早上好是固定不变的，变化的是要打招呼的人的名字，如果能用一个固定的代号替代变化的人名，比如把代号命名为 name，打招呼就变为：

"早上好，name"

这样就可以做到"以不变应万变了"！

可是程序运行的时候，具体的人名怎么替代 name 这个固定的代号啊？

首先要让计算机记住每次要打招呼的人的名字，然后让 name 这个固定的代号指向计算机记住的那个人名，这样就可以了。

大家可以想象计算机有很多储物柜，如果你想让计算机记住某个东西，比如人名，计算机就会给你分配一个储物柜，并让你给这个储物柜贴上标签 name，以后该储物柜就可以用来保存具体的人名了。

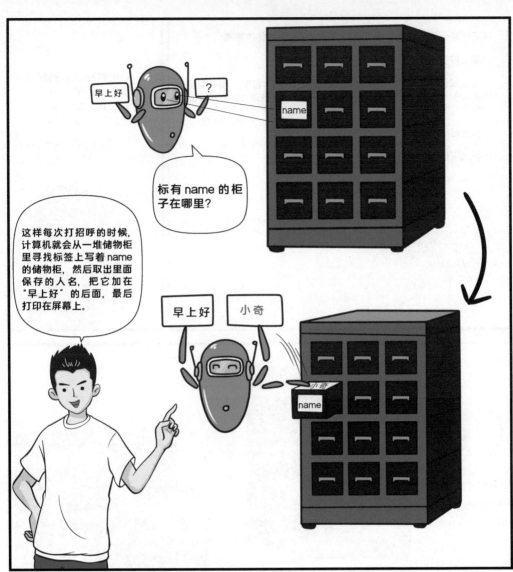

name ＝ ＂小奇＂

上面的代码中 name 是一个变量，表示计算机在内存中分配了一块儿空间（相当于之前说的那个储物柜），这块儿空间可以用来保存人的姓名。

name 同时也是变量的名称，相当于储物柜上的标签。等号"="相当于保存动作，即把等号"="右边的字符串 "小奇"保存到这个名叫 name 的储物柜里。

等号这个保存动作对应的术语叫"赋值"。专业的描述就是把"小奇"这个值赋给变量 name。

变量？

这是个什么东西？

莫急，让我给你慢慢解释。

计算机内存是什么东西？

计算机内存是一个临时保存数据的地方，计算机每次处理任务时都要从内存中取出需要的数据，任务处理的结果也要保存在内存中。它就像我们人类的大脑，可以记忆（保存）信息，也可以回忆（取出）信息。

我要把"小酷的饭店"记在我的大脑里。

小酷的饭店

记忆

小酷的 101001 10

饿得走不动道了……

得找个地方吃顿饭!

让我回忆一下……

我记得 "小酷的饭店" 是个吃饭的好地方!

小酷的 回忆

但是内存有点特别,一旦断电内存中保存的数据就全部丢失了。嘿嘿,如果你每天遭电击,估计也会失忆,忘掉从前的事情!

幸亏我不是计算机!每天遭电击玩失忆可是相当不好玩啊!

如果我要使用变量中保存的值该怎么办?

name = " 小奇 "

print (" 早上好," + name)

先定义一个变量 name,用它保存将要打招呼的人名。

在 print ( ) 函数中使用 name 这个变量,计算机就会从变量 name 中取出原先保存的 "小奇" 这个值,将它加在 "早上好," 后面。

最后将这句话打印在屏幕上。

直接使用这个变量的名字,计算机就会取出变量中保存的值!

48

来看一下在实际环境中的代码演示!

小奇!

说说你对变量的理解。

我觉得变量可以用一个名字指向不同的数据值,能够将很多处理过程变得通用而简单。就像我们经常填的申请表格,那些空的格子就是变量。

49

哈哈，很好！很好！

你的理解不错，但这个打招呼的程序还有瑕疵！

虽然 print 这行代码不用改变，但每次跟不同的人打招呼就需要给 name 设置不同的值，还是挺麻烦的。

怎么改才能真正做到用同样的代码跟任何人打招呼呢？

申请表格能通用，是因为每个人都可以用笔填写自己的信息，如果计算机能接收我通过键盘输入的人名，我想就可以了！但我不知道怎么写代码让计算机收到键盘输入的信息。

如何接收键盘的输入信息？

input("请输入您的姓名：")

会在屏幕上打出提示语句，并保存从键盘输入的按键信息，然后将信息通过等号 "=" 赋给变量 name。

现在我们的代码可以跟世界上的任何人打招呼了，神奇吧？

将键盘输入的信息赋值给 name

name = input("请输入您的姓名：")

可以随意改成合适的提示

print("早上好," + name)

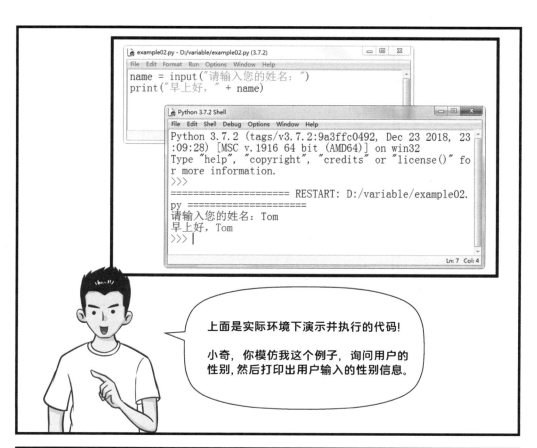

上面是实际环境下演示并执行的代码!

小奇，你模仿我这个例子，询问用户的性别，然后打印出用户输入的性别信息。

好的!

你的变量为什么叫 a1 啊？

```python
a1 = input("请输入你的性别:")
print("你的性别是:" + a1)
```

我喜欢啊!

虽然你可以给变量起任何你喜欢的名字，但变量的名字还是要遵守一些规则的。

首先，**变量名是区分大小写的**，abc 与 Abc 代表两个变量，是不一样的。

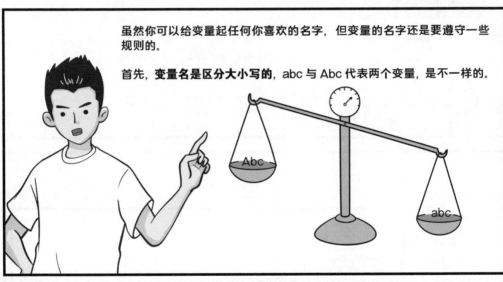

其次，**变量名可以包括字母、数字、下划线，但是数字不能作为开头**。这几条都是强制性的，如果不遵守，相当于触犯了编程圈的"法律"，Python 解释器这个警察会关你小黑屋的。

age	✓
your_name	✓
x1	✓
_count	✓

8xy	✗
&price	✗

等着进小黑屋吧!

此外，变量名要能表达变量的用途。这条规则虽然不是强制性的，但如果不遵守，是会被所有圈内人士鄙视的，这种规则叫作命名规范。

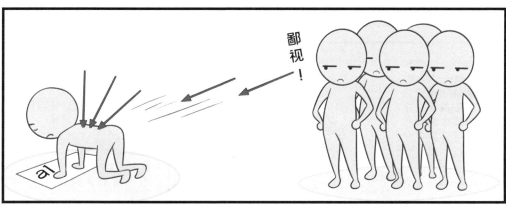

鄙视！

为……为什么啊？

因为每个人写的代码，一方面要通过 Python 解释器的审查，另一方面也要让其他人看明白。

名字和用途不符，就是词不达意，别人便很难读懂它们，自然会被鄙视了。

现在想想刚才你的代码哪里不妥了？

你们不合格，不能进这扇门，要关小黑屋。

性别这个变量我起的名字太随意了，我改一下：

gender = input("请输入你的性别：")

起个名字还这么多条条框框。

关于变量命名规范，还有一条要记住，如果变量的名字由多个单词组成，那么所有字母都必须是小写，且每个单词之间用下划线隔开。

比如表示最高得分要这样写：top_score。

我还有一个疑问，一个储物柜可以同时放很多个东西，那么变量可以同时保存多个值吗？

不可以。

变量同一时刻只能指向一个值，当你把新值赋予变量时，从前的值就跟该变量失去了联系。

变量还喜新厌旧啊！

用代码验证一下吧。

```
name = "小奇"
print(name)
name = "小酷"
print(name)
```

```
Python 3.7.2 (tags/v3.7.2:9a3ffc0492, Dec 23 2018, 23:09:28) [MSC v.1916 64 bit
(AMD64)] on win32
Type "help", "copyright", "credits" or "license()" for more information.
>>>
==================== RESTART: D:/variable/example04.py ====================
小奇
小酷
>>>
```

发现了吗？ name 只能记住最后一次赋的值！

另外，你要切记**等号是赋值符号**，而不是等于的意思。

常量

在生活中我们经常要使用一些固定不变的值,比如计算圆周长时用到的圆周率 π。

周长 = 2 π r

或者判断人是否成年的参考标准: 18岁。

0岁 未成年人 18岁 成年人 年龄

在编程中同样也要使用一些在程序运行中不能改变的数据,这类数据叫常量。

在 Python 中如何定义常量呢?

可能 Python 的设计者认为世界上唯一不变的就是变化,所以 Python 没有提供直接定义常量的功能。

但这难不倒聪明的开发人员,他们想了一个简单的办法——将变量作为常量来使用。

只是要求作为常量使用的变量名必须全部大写,如果有多个单词的话,每个单词之间用下划线分开,形如 PI、 AGE、 MAX-SIZE 等。

例如:
age = 18   # 这行代码 age 被认为是变量
AGE = 18   # 这行代码 AGE 被认为是常量

很简单,对吧?

太简单了！

这把常量搞的跟公交车上的老弱病残孕专座相似，刷个不同的颜色来显示自己的特殊身份。

橙色的座位：代表专座，只允许老弱病残孕的乘客坐；
大写的变量：代表常量，不允许更改。

Python 的常量实际上还是变量，只不过在名字上标记了一下。如果你改变了常量的值，Python 解释器是不会报错关你小黑屋的，但所有业内人都会鄙视你违反行规。

这好比你坐公交车占了老弱病残孕的专座，践踏社会道德，虽然大家都鄙视你，但毕竟没有违法，警察是不会抓你的。

也不能说你违法，就不抓你进小黑屋了！

没有公德！

鄙视你！

解释器

程序员 A

对不起！我不敢修改常量了……

程序员 C

拜托……别总拿我当反面例子，我可是经常给老年人让座的四好青年！

那常量的使用方法是不是和变量一样呢？

没错！跟变量一样，常量的名字可以直接使用。

57

保留字

这是怎么回事?

系统提示我的代码语法错误! 但我只定义了一个变量, 变量的名字也符合变量命名规则啊!

这到底是哪里错了?

变量名 class 与 Python 的保留字冲突了!

保留字?

Python 的设计者在创建 Python 语言时，事先使用了一些代号表达特殊的含义。比如你用的这个 class 在 Python 里就是定义"类"时专用的。这些专用代号就是保留字。

在 Python 里，这些专用代号很像古时候特权阶级的名字，不允许任何普通人将它们用作他用！

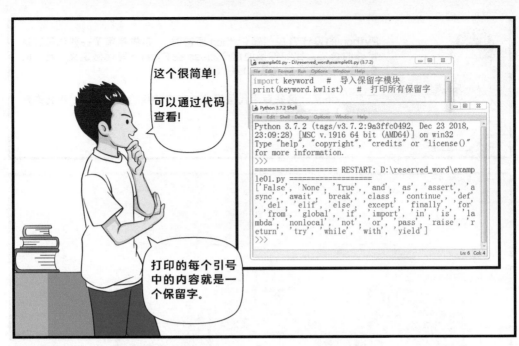

这个很简单!

可以通过代码查看!

```
import keyword     #  导入保留字模块
print(keyword.kwlist)    #  打印所有保留字
```

```
Python 3.7.2 (tags/v3.7.2:9a3ffc0492, Dec 23 2018,
23:09:28) [MSC v.1916 64 bit (AMD64)] on win32
Type "help", "copyright", "credits" or "license()"
for more information.
>>>
================= RESTART: D:\reserved_word\examp
le01.py ==================
['False', 'None', 'True', 'and', 'as', 'assert', 'a
sync', 'await', 'break', 'class', 'continue', 'def'
, 'del', 'elif', 'else', 'except', 'finally', 'for'
, 'from', 'global', 'if', 'import', 'in', 'is', 'la
mbda', 'nonlocal', 'not', 'or', 'pass', 'raise', 'r
eturn', 'try', 'while', 'with', 'yield']
>>>
```

打印的每个引号中的内容就是一个保留字。

这么多,我可记不住!

还有那两行代码我也看不懂啊!"导入保留字模块"是什么意思?"keyword.kwlist"又是啥?

别急!

保留字没必要刻意记忆的。

那两行代码的含义后面我会详细讲到,现在你照着写就行。

小奇,告诉你个简单的法子,能帮助你发现保留字。你仔细观察一下,在IDLE中编写代码时,所有保留字的颜色都是一样的,记住这个颜色即可。

这个方法不错,我发现自己越来越喜欢 IDLE 了!

小子,我的本事还多着呢!

注释

到现在为止，我们写的代码都是交给计算机执行的指令。不过，我们还可以在代码中加入注释，用于描述程序的用途、实现的思路等，就像代码的说明书一样。

这些注释是让 Python 解释器看的吗？

No!No!No!

注释是让开发者看的，计算机在执行时会忽略这些注释。

我看到的是：

```
# 这是一条注释
price = 10.5
print(price)
```

example01.py - D:/annotation/example01.py ...

File Edit Format Run Options Window Help

```
#   这是一条注释
price = 10.5
print(price)
```

Ln: 5 Col: 0

我看到的是：

```
price = 10.5
print(price)
```

这纯粹是画蛇添足、多此一举啊！

我自己写的代码，还需要"说明书"？

你从小学开始学英语，学了这么多年词汇量为什么还这么少？

哪壶不开提哪壶，又揭我的短！

单词太多，小爷我记不住！

代码比英语更难记！当你的代码越来越长、越来越复杂时，即使是你自己写的代码，时间久了也很难读懂。

何况在商业开发中，大家都是团队作战，如果没有注释，谁能轻松读懂你的代码！

```
if n > len(l)-1:
    print("二叉树生成")
    return
node = Node()
node. value = l[n]
if not self. root:
    self. root = node
    self. list = l
```

如何在程序中添加注释呢？

example02.py - D:/annotation/example02.py ...

File Edit Format Run Options Window Help

```
#   这是Python程序中的单行注释
print("我不是注释")
```

Ln: 5   Col: 0

在任何代码语句前添加"#"号，就可以把它变成注释了。

当然单行注释也可以加在代码的尾部，就像下面这样。

既然有单行注释，是不是还有多行注释呢？

那是自然，多个单行注释组合起来就是多行注释。

```
# 我是多行注释的第1行
# 我是多行注释的第2行
# 我是多行注释的第3行
# 我是多行注释的第4行
```

为了清晰可读，我建议你这样写:

```
# **************************************
# 演示在Python中如何使用多行注释
# 星号所在的行只为将注释与其他代码清楚地分开
# **************************************
```

多行注释可以很好地"突出"代码段，使你读代码时能清楚地区分不同代码段。

可以用多行注释来描述一段代码要做什么。程序最开始的多行注释可以列出编写者的名字、程序名称、创建或更新的日期、版权信息等，很像书籍的封面和版权信息。

偷着学Python

狮范客 著

还可以用三引号表示多行注释。

```
example06.py - D:/annotation/example06.py ...
File  Edit  Format  Run  Options  Window  Help
'''
第1行注释
第2行注释
我是一个多行注释
'''
```

还有其他的注释形式吗？

注释除了充当代码的"说明书"以外还有什么功能呢?

可以使用注释临时跳过程序中的某些部分。

example07.py - D:/annotation/example07.py (3.7.2)

File Edit Format Run Options Window Help

```
#print("我被忽视了，呜呜")
print("我才是最重要的！")
```

Ln: 4 Col: 0

为什么要注释掉辛辛苦苦写的代码?

注释掉的代码不会执行，这有助于发现问题代码所在的位置！

这是调试代码的一个小技巧!

第三种：也可以将变量和整型数字混合起来使用！

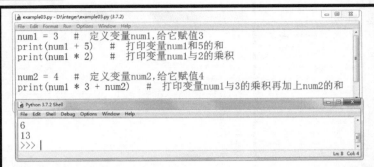

```
example03.py - D:\integer\example03.py (3.7.2)
File Edit Format Run Options Window Help
num1 = 3    #  定义变量num1,给它赋值3
print(num1 + 5)    #  打印变量num1和5的和
print(num1 * 2)    #  打印变量num1与2的乘积

num2 = 4    #  定义变量num2,给它赋值4
print(num1 * 3 + num2)    #  打印变量num1与3的乘积再加上num2的和
```

```
Python 3.7.2 Shell
File Edit Shell Debug Options Window Help
6
13
>>> |
                                                         Ln: 8  Col: 4
```

挺简单的，我都明白了。

我再给你演示一个好玩的例子！

```
example04.py - D:\integer\example04.py (3.7.2)
File Edit Format Run Options Window Help
print("hello " * 5)
```

```
Python 3.7.2 Shell
File Edit Shell Debug Options Window Help
================
hello hello hello hello hello
>>> |
                                                         Ln: 6  Col: 4
```

字符串还能跟数字相乘，太奇怪了！那它们能不能相加？

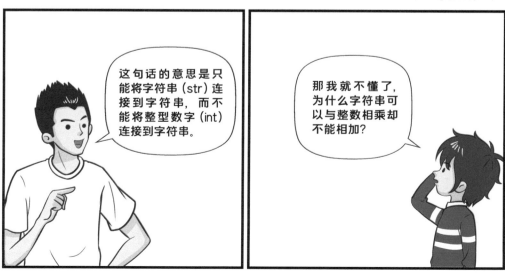

听我说，小奇，在 Python 中，不能把两个完全不同的东西（数据类型）加在一起，比如文本和数字。这有点儿像将狮子和书本放在一起。正是因为这个原因，print("hello" + 3) 会报错。

这就像是在说：1 头狮子加 3 本书是多少？

结果是 4，但这个 4 代表什么呢？把这些东西加在一起毫无意义！

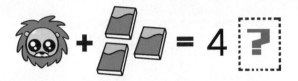

不过几乎所有东西都可以乘上一个数来翻倍。1 头狮子乘以 3 就是 3 头狮子。
正因为如此，print("hello"*3) 是可以的。

初学者最头痛的是程序出现错误以后，满屏的英文错误提示，感觉像天书一样，让人束手无策。

但比这个更要命的是，费尽九牛二虎之力外加高手帮助改正了错误，但下次碰到类似的问题，又不知该怎么办！

告诉大家一个好办法，每次把错误解决以后，要总结错误的现象、错误的原因和解决方法，并把它们记在笔记本上。

通过不断积累，你很快就会发现大多数错误都是类似的。将来这个小本本就是你的武功秘籍，碰到错误时查阅一下，你改正错误的速度就会"杠杠"的！

注：对新手而言，错误现象一般就是错误提示。

你知道数字的由来吗？

不知道啊！您讲讲呗！

很奇怪啊，从小到大都在学数学，但老师好像从没讲过数字是怎么来的？

数字最初起源于对事物的计数，例如古人打猎捉了6只兔子，为了记住自己狩猎的成绩，用图画表示为：

时间长了，人们会想："为什么我非得这么麻烦画6只兔子？为什么不画一只兔子，再画线表示6只兔子呢？"

然后有一天，某个人拥有了28只兔子，这种画线的方法就显得很可笑了。

有人说："必须想一种更好的方法。"于是数字系统就诞生了！在历史上出现过很多数字系统。

中国的数字系统

古玛雅人的数字系统

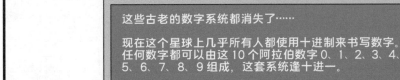

这些古老的数字系统都消失了……

现在这个星球上几乎所有人都使用十进制来书写数字。任何数字都可以由这 10 个阿拉伯数字 0、1、2、3、4、5、6、7、8、9 组成，这套系统逢十进一。

比如 19 这个数的十位是 1，个位是 9，代表它由 1 个 10 和 9 个 1 组成。它的下一个数就是由 1 个 10 和 10 个 1 组成，个位逢十进一向十位进一，十位就从 1 变为 2 了，个位变成了 0，这个数用十进制记数法就写成 20。

以此类推，十位可以向百位进一，百位可以向千位进一……

你说的这些小学生都会啊!

那我今天讲个你不知道的——二进制!

二进制是由 0 和 1 组成的数字系统，它是逢二进一。

不明白……

世界上为什么要有这么奇怪的二进制?

二进制是让计算机使用的。原因是计算机的大脑 CPU（中央处理器）是由超大规模集成电路组成的，它的内部通过控制各种电路的开关状态来完成计算。

我们用 1 代表电路开关闭合，电路中有电流通过；用 0 代表电路开关断开，电路中没有电流通过。这样我们写一些由 0 和 1 组成的指令就可以控制计算机了。

那计算机是怎么通过控制电路的开关来完成计算的？

这个说来话长了，你如果有兴趣的话，可以学习《计算机组成原理》，在那里你会找到答案。

估计又是门深奥的学问……

有机会学习一下。

可人类为什么用十进制啊？

你还记得自己小时候怎么学数数的吗？

扳着手指头数啊！

你的 10 根手指头就是答案！

如果人类的手指头像蜈蚣的腿那么多，那该怎么算数啊？

56 + 112 是多少？10 根手指头似乎不够用啊！

假如我的手指头和蜈蚣腿的数量差不多，也许就可以扳手指头计算 56+112 了！

但那又是什么进制呢？

十进制数由 0、1、2、3、4、5、6、7、8、9 组成，二进制数由 0 和 1 组成。我想如果有八进制这种数字系统的话，它肯定由 0、1、2、3、4、5、6、7 组成。

不错，只要你仔细观察就能发现，n 进制和它的组成数字满足下面的关系：

$n \geq 2$ 的情况下，n 进制数的组成数字：$0, \cdots, n-1$

也就是说，n 进制是由从 0 开始，依次加 1，一直到 $n-1$ 的这些数组成的。所以二进制数都是些类似 101101 这种由 0 和 1 组成的数。

那怎么把二进制数转换成十进制数呢?

你观察一下十进制数的构成,比如 3216 这个数,它等于 3 个 1000、2 个 100、1 个 10、6 个 1 的和。

而 $1000 = 10^3$,$100 = 10^2$,$10 = 10^1$,$1 = 10^0$,相邻位之间高位是低位的 10 倍,那么我们可以用这个图来表示 3216 的大小。

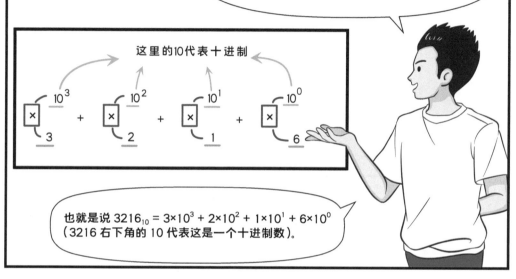

这里的10代表十进制

也就是说 $3216_{10} = 3×10^3 + 2×10^2 + 1×10^1 + 6×10^0$ (3216 右下角的 10 代表这是一个十进制数)。

我们再看一个二进制数 11011。套用上面的公式,只用把对应的 10 换成 2 即可。原因是相邻位之间高位是低位的 2 倍,下面这个图表示二进制数 11011 的大小。

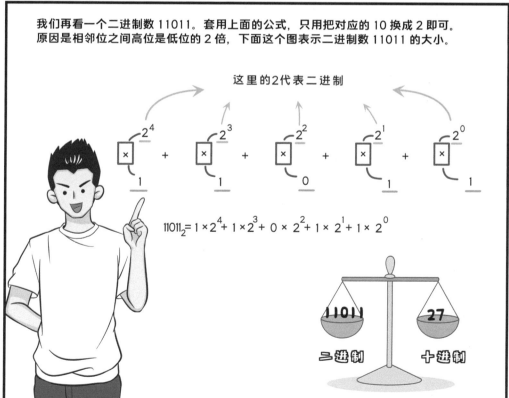

这里的2代表二进制

$11011_2 = 1×2^4 + 1×2^3 + 0×2^2 + 1×2^1 + 1×2^0$

11011 二进制   27 十进制

从十进制和二进制的例子中我们可以看到，一个 m 位的 n 进制数，假设从低位到高位（也就是从右到左）的数分别是：

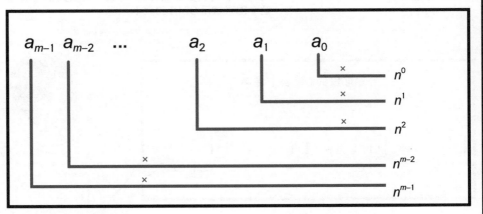

这个数的大小= $a_{m-1}\,n^{m-1}+a_{m-2}\,n^{m-2}+\cdots+a_2\,n^2+a_1\,n^1+a_0\,n^0$

这是一个八进制数转换成十进制数的例子：
$$265_8 = 2\times 8^2 + 6\times 8^1 + 5\times 8^0 = 181_{10}$$

那十进制数又是怎么转换成二进制数的？

用 2 整除十进制整数，可以得到商和余数；再用 2 去除商，又会得到一个商和余数，如此往复，直到商等于 0 为止。

接着把先得到的余数作为二进制数的低位有效位，后得到的余数作为二进制数的高位有效位，依次排列起来就是十进制数对应的二进制数。

完全听不懂，彻底搞晕了！

我画个图来演示刚才描述的过程，相信会容易理解一些。

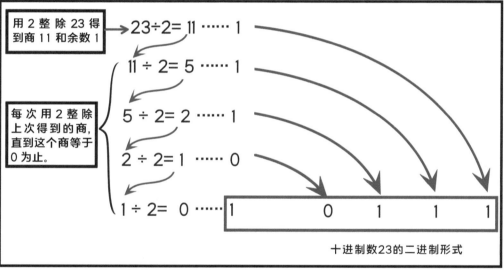

用 2 整除 23 得到商 11 和余数 1

$23 \div 2 = 11 \cdots\cdots 1$

$11 \div 2 = 5 \cdots\cdots 1$

每次用 2 整除上次得到的商，直到这个商等于 0 为止。

$5 \div 2 = 2 \cdots\cdots 1$

$2 \div 2 = 1 \cdots\cdots 0$

$1 \div 2 = 0 \cdots\cdots$ | 1 | 0 | 1 | 1 | 1 |

十进制数23的二进制形式

是不是一共只有两根手指头的怪物才能适应二进制？

难道在 Python 中二进制和十进制的转换这么麻烦吗？

当然不是啦! Python 提供了一些函数，它们可以做各种进制之间的转换。bin()
函数可以将十进制数转换为二进制数，用法如下:

num1 = bin(23)

int() 函数可以将二进制数转换为十进制数，用法如下:

num2 = int(0b10111)

要特别注意的是，在 Python 中，
二进制数前面必须加上前缀 0b。

例如，在 Python 中 101 表示十进
制数 101，而 0b101 表示二进制
数 101（相当于十进制数 5）。

这是实际环境下代码执行的情况。

太厉害了!

有了这两个函数,二进制看起来也不那么讨人厌了!

82

浮点数的使用方法和整型一致。

第一种：直接使用浮点数。

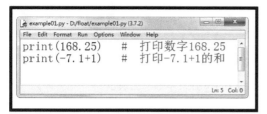

```
example01.py - D:/float/example01.py (3.7.2)
File  Edit  Format  Run  Options  Window  Help
print(168.25)      #  打印数字168.25
print(-7.1+1)      #  打印-7.1+1的和

                                            Ln: 5  Col: 0
```

第二种：将浮点数保存在变量里使用。

```
example02.py - D:/float/example02.py (3.7.2)
File  Edit  Format  Run  Options  Window  Help
float1 = 15.62     #  定义变量float1,给它赋值15.62
float2 = 3.14      #  再定义变量float2,给它赋值3.14
print(float1 + float2)     #  用print()函数打印变量float1和float2的和

                                                        Ln: 8  Col: 0
```

第三种：将变量和浮点数混合起来使用。

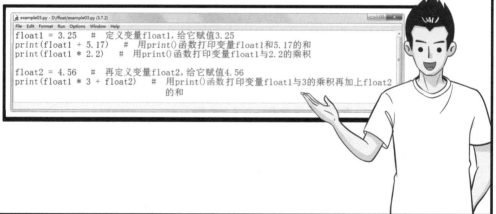

```
example03.py - D:/float/example03.py (3.7.2)
File  Edit  Format  Run  Options  Window  Help
float1 = 3.25      #  定义变量float1,给它赋值3.25
print(float1 + 5.17)     #  用print()函数打印变量float1和5.17的和
print(float1 * 2.2)      #  用print()函数打印变量float1与2.2的乘积

float2 = 4.56      #  再定义变量float2,给它赋值4.56
print(float1 * 3 + float2)     #  用print()函数打印变量float1与3的乘积再加上float2
                                   的和
```

感觉跟整型的用法完全一样嘛！

那我们来看一个不一样的——科学记数法。

这个我知道，科学记数法就是把一个数表示成 a 与 10 的 n 次方相乘的形式（$1 \leqslant |a| < 10$，n 为整数）。比如光的速度约为 300000000 米 / 秒，后面一堆 0 都把人看晕了，也不知道光到底有多快，但换成科学记数法就一目了然了：

$$3.0 \times 10^8 \text{ 米 / 秒}$$

就是不知道科学记数法在 Python 中该怎么表示……

简单！看一个例子你马上就明白了！

拿 3.0×10^8 来说，在 Python 中要这样写：3.0e8

明白科学记数法的书写规则了吗？

看把你能耐的，都把我的话抢完了，总算轮到我出场了……

明白了！科学记数法的形式是：

$a \times 10^n$

它在 Python 中变成了 aen。

a	×	10^n		例如	1.68	×	10^5
a		e	n		1.68		e	5

如果我要表示一个很小的数，比如氢原子的半径，它大概是 0.79 埃（1 埃 = 10^{-10} 米）。现在单位用米，在 Python 中用科学记数法这个数该如何表示？

小范，你来写一下！

0.79e-10。

你这样写也行,但规范的写法是 7.9e-11。

在科学记数法中 7.9 被称为尾数,尾数的取值范围是大于等于 1 且小于 10。

e 是基数,-11 是指数,e-11 就相当于 10^{-11}。

在计算机中底数 10 一般用 e 或 E 表示。

可是我的代码
print(0.79e-10)
也没错啊!

这个相当于道德规范,不是强制性的,就像变量的命名规范一样。

我很好奇,为什么整型在数学中的称呼和 Python 中一样,但小数在 Python 中改成了浮点数这个名字?

这还要从 0.79e-10 和 7.9e-11 是同一个数说起……

两种写法虽然表示同一个数，但小数点的位置不一样：0.79 的小数点在 7 的前面，而 7.9 的小数点跑到 7 的后面了，就好像小数点可以浮动一样，所以带小数点的数就叫浮点数了。浮点数在计算机内部是按照科学记数法的形式存储的。

我在 7 和 9 之间

我又跑到 7 前面了！哈哈，我就喜欢你看不惯我又拿我没办法的样子！

见鬼了！！

讨厌！！

被你吓死了！

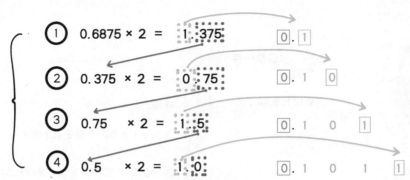

① $0.6875 \times 2 = 1.375$ $\boxed{0}.\boxed{1}$

② $0.375 \times 2 = 0.75$ $\boxed{0}.\boxed{1}\ \boxed{0}$

③ $0.75 \times 2 = 1.5$ $\boxed{0}.\boxed{1}\ \boxed{0}\ \boxed{1}$

④ $0.5 \times 2 = 1.0$ $\boxed{0}.\boxed{1}\ \boxed{0}\ \boxed{1}\ \boxed{1}$

直到小数部分等于0结束

$$0.6875_{10} = 0.1011_2$$

看上面的图，我以 0.6875 为例，演示一下计算过程。

将一个十进制小数乘以 2，会得到一个含有整数和小数的数 a。

如果 a 的小数部分不等于 0，那么再将它乘以 2，又会得到一个含有整数和小数的数 b，以此类推……

就这样每次用上次乘积的小数部分乘以 2，直到最后乘积的小数部分等于 0 为止。

最后在得到的整数序列前面加上小数点就是这个十进制小数对应的二进制小数。

这个跟我的那个问题有什么关系？

$0.1 \times 2 = 0.2$ $\boxed{0}.\boxed{0}$

$0.2 \times 2 = 0.4$ $\boxed{0}.\boxed{0}\ \boxed{0}$

$0.4 \times 2 = 0.8$ $\boxed{0}.\boxed{0}\ \boxed{0}\ \boxed{0}$

$0.8 \times 2 = 1.6$ $\boxed{0}.\boxed{0}\ \boxed{0}\ \boxed{0}\ \boxed{1}$

$0.6 \times 2 = 1.2$ $\boxed{0}.\boxed{0}\ \boxed{0}\ \boxed{0}\ \boxed{1}\ \boxed{1}$

$0.2 \times 2 = 0.4$ $\boxed{0}.\boxed{0}\ \boxed{0}\ \boxed{0}\ \boxed{1}\ \boxed{1}\ \boxed{0}$

……………

莫急，我们现在计算一下 0.1 对应的二进制数，你就明白了。

你马上就会发现 0.1 这个十进制小数变成二进制的话是一个无限小数 0.0001100110011001100011001…，而计算机中每个浮点数的存储空间是有长度限制的，超过的部分自然就被舍弃了，这会造成精度上的损失！

我的天呐!

0.1 在计算机内部变成二进制数以后,尾巴都被砍了……

难怪 0.1+0.2 不等于 0.3,而是变成了 0.30000000000000004。

十进制小数是否能精确保存到计算机中取决于下面两个条件:

1. 是否能转换成一个有限长度的二进制数;

2. 如果可以转换成有限长度的二进制数,需要进一步检查这个二进制数的长度是否超过了浮点型数据类型的存储空间。

因为特殊的二进制导致计算机的浮点型数据类型只适合保存带小数的近似值,慢慢地,我们会发现计算机处理问题的方式跟我们人类有很大不同,所以大家在学习编程的过程中要不断了解、适应计算机的处理方式。从本质上讲,我们学习编程最重要的是要养成计算机思维,用计算机思维解决问题。

浮点数小剧场

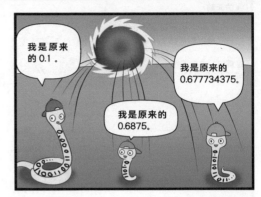

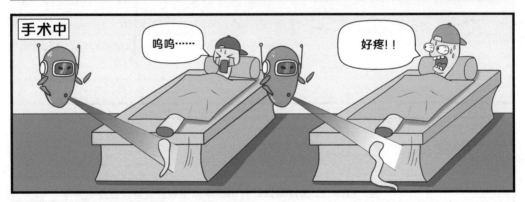

听说还有布尔型，它又是什么？

布尔型很特别，它只有两个值：**True** 和 **False**。

为什么它的值这么少？

因为布尔型只用来表达二元对立的东西，比如真与假、是与否、黑与白、善与恶等。

比如我要用一个变量表示你的成绩是否合格，就可以用布尔型：
is_pass = False # 表示你的成绩不合格
is_pass = True # 表示你的成绩合格

总之，只要是对立或者相反的事情都可以用布尔型来表达。

91

文字是我们日常交流必不可少的工具，在计算机中由文字组成的文本叫字符串。

收件箱

邮箱

消息

QQ

微信

微信

10086

短信

微博正文

微博

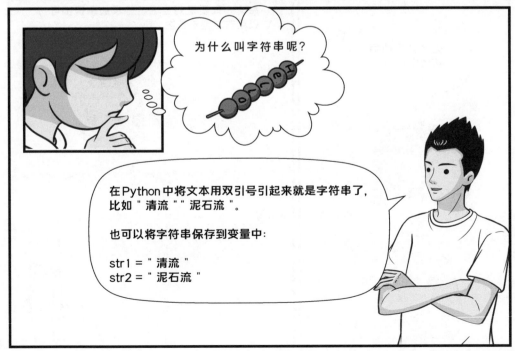

为什么叫字符串呢？

在Python中将文本用双引号引起来就是字符串了，比如"清流""泥石流"。

也可以将字符串保存到变量中：

str1 = "清流"
str2 = "泥石流"

好像不行啊！

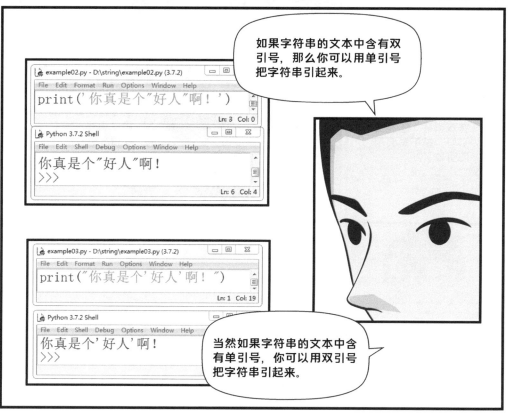

如果字符串的文本中含有双引号，那么你可以用单引号把字符串引起来。

当然如果字符串的文本中含有单引号，你可以用双引号把字符串引起来。

转义符就像一种事先约定的暗语，比如女孩不方便主动向别人透露自己是单身还是已婚，而通过在不同手指上戴戒指的做法就能在无形中化解很多尴尬：

右手无名指表示热恋中，右手中指表示名花有主，右手食指表示单身贵族，左手小指表示不婚族，左手无名指表示已结婚，左手中指表示已订婚。

只不过在编程中这个暗语是程序员和 Python 解释器之间的约定罢了。所有转义符都由反斜杠"\"加字母组成，比如实现换行作用的转义符记作"\n"，实现水平制表符的转义符记作"\t"。

在这里反斜杠"\"相当于戒指，而字母就相当于手指。

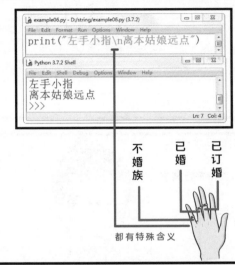

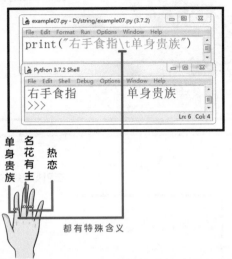

我们把之前的打油诗通过转义符实现换行。

96

一些字符前面加上反斜杠"\"就变成了有特定含义的转义符，除了我们讲过的 \n 外还有很多，以后大家用到的话，可以参考下面这个表格。

转义符	作用	示例代码	执行结果
\ '	表示：'	print('Let\'s go!')	Let's go!
\ "	表示："	print("你真是个\"好人\"啊!")	你真是个"好人"啊!
\\	表示：\	print("C:\\Windows")	C:\Windows
\t	表示：水平制表符，相当于按下Tab键	print("春困秋乏\t夏热冬冷")	春困秋乏　　夏热冬冷

这么多转义符都需要背下来吗？

没必要刻意记忆，用得多了，自然而然就记住了。

工不工整关键看上下联对应位置的字或词是否对照，今天我就给大家讲讲如何通过位置找到字符串中的字符。

您这弯转得可真够大的!!

在中括号中填入位置，可以访问任一位置的字符。

既可以从左向右数，也可以从右向左数。

Python 中位置的标记跟生活中稍有不同。

从左向右数的话，是从 0 开始依次加 1；从右向左数的话，是从 -1 开始依次减 1。

```
>>> line = "书到用时方恨少"
>>> print(line[2])
用
>>> print(line[-1])
少
>>>
```

| 0 | 1 | 2 | 3 | 4 | 5 | 6 |

书 到 用 时 方 恨 少

| -7 | -6 | -5 | -4 | -3 | -2 | -1 |

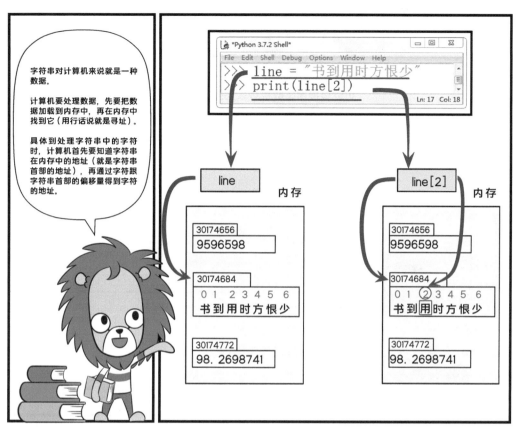

字符串对计算机来说就是一种数据。

计算机要处理数据，先要把数据加载到内存中，再在内存中找到它（用行话说就是寻址）。

具体到处理字符串中的字符时，计算机首先要知道字符串在内存中的地址（就是字符串首部的地址），再通过字符跟字符串首部的偏移量得到字符的地址。

哎……太烧脑了！

计算机的思维模式和人类有很大不同，学习编程的过程就是培养计算机思维的过程。刚开始你可能不习惯，时间久了就适应了。

中括号中的数字在编程中一般叫索引（有时也叫下标），这个索引必须是整数类型。

可以直接用整数也可以用整数类型的变量，像下面这样也可以。

```
>>> i = 4
>>> line = "钱到月底不够花"
>>> print(line[i])
不
>>>
```

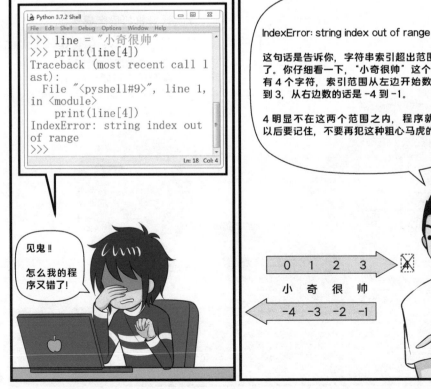

```
>>> line = "小奇很帅"
>>> print(line[4])
Traceback (most recent call l
ast):
  File "<pyshell#9>", line 1,
in <module>
    print(line[4])
IndexError: string index out
of range
>>>
```

见鬼！！

怎么我的程序又错了！

IndexError: string index out of range

这句话是告诉你，字符串索引超出范围（越界）了。你仔细看一下，"小奇很帅"这个字符串只有 4 个字符，索引范围从左边开始数的话是 0 到 3，从右边数的话是 -4 到 -1。

4 明显不在这两个范围之内，程序就报错了。以后要记住，不要再犯这种粗心马虎的错误了。

0 1 2 3

小 奇 很 帅

-4 -3 -2 -1

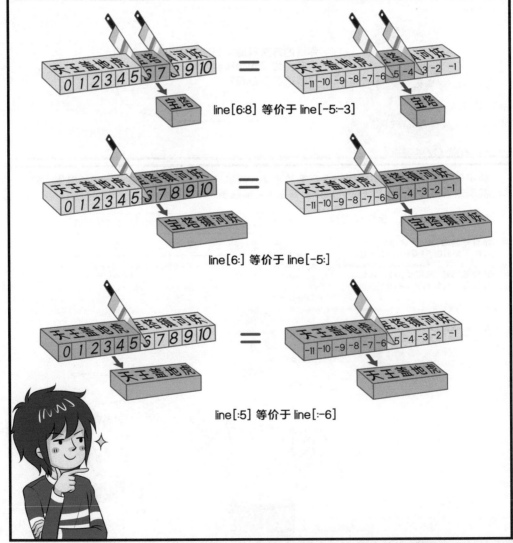

line[6:8] 等价于 line[-5:-3]

line[6:] 等价于 line[-5:]

line[:5] 等价于 line[-6]

104

105

……………

《英雄联盟》太简单了，还是《DOTA》更好玩！

缓缓地……

吱——

兽人永不为奴!

在《魔兽争霸》面前, 你们说的都太低端了!

老狮……

吓我一跳!

这个老古董……

你听到了吗? 现在居然还有人 玩《魔兽争霸》……

…………

哎呀, 略 微有点失 态呀……

看我怎么把面子 找回来!

适当玩游戏还是有益于身心健康的，但一定不能沉迷于游戏，整天满脑子游戏，什么都不干，那就荒废了！

我当年就是打着游戏考上名牌大学的！

又开始吹牛了……

小奇，你既然喜欢玩《英雄联盟》，那如果现在有这样一个需求，让你保存玩家所用英雄的经验值，你该怎么办？

我可以这样写：

hero = 52

如果有 5 个玩家呢？

那就这样写呗：
hero1 = 52
hero2 = 163
hero3 = 88
hero4 = 526
hero5 = 79

如果有 1000 个、10000 个玩家呢？

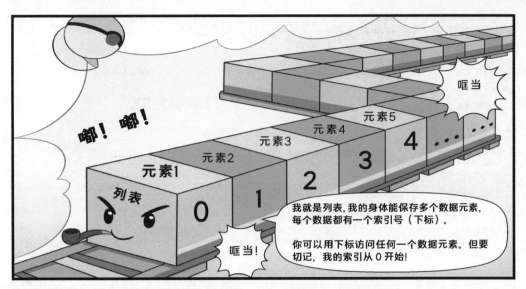

嘟！嘟！

列表

元素1 元素2 元素3 元素4 元素5

0 1 2 3 4 ····

哐当

哐当！

我就是列表，我的身体能保存多个数据元素，每个数据都有一个索引号（下标）。

你可以用下标访问任何一个数据元素。但要切记，我的索引从 0 开始！

从 0 开始，太变态了！每天要在人脑和计算机的大脑之间切换，人都傻了。

人脑   机器脑

1、2、3、4、5   0、1、2、3、4

该如何创建一个列表并将数据保存到其中呢？

看个案例你就全明白了。

这行代码就创建了一个名为heroes的列表，保存了 5 个英雄的经验值。

两个数据元素之间用逗号分隔。

外面用方括号括起来。

有了列表以后，我们就可以用下标方便地访问其中的数据元素了。

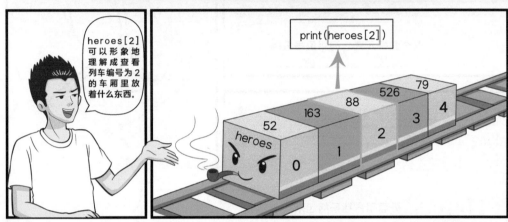

heroes[2] 可以形象地理解成查看列车编号为 2 的车厢里放着什么东西。

print(heroes[2])

感觉访问列表的元素和访问字符串中的字符差不多啊!

没错! 确实如此。

其实你可以把字符串看成一个由字符组成的不可改变的列表,这样前面学过的字符串知识都又能派上用场了,比如切片。

列表中的元素数据类型可以不同!

```
example03.py - D:/list/example03.py (3....
File Edit Format Run Options Window Help
list1 = ['狂战士', 163]
print(list1)
```

```
Python 3.7.2 Shell
File Edit Shell Debug Options Window Help
['狂战士', 163]
>>>
                                    Ln: 6  Col: 4
```

如果我要改变英雄的经验值,那该怎么办?

用下标访问对应的元素直接改就可以了,比如我改变第 3 个英雄的经验值。

```
example04.py - D:\list\example04.py (3.7.2)
File Edit Format Run Options Window Help
heroes = [52, 163, 88, 526, 79]
print('heroes[2]修改前是', heroes[2])
heroes[2] = 728
print('heroes[2]修改后是', heroes[2])
```

```
Python 3.7.2 Shell
File Edit Shell Debug Options Window Help
heroes[2]修改前是 88
heroes[2]修改后是 728
>>>
                                    Ln: 7  Col: 4
```

可以想象成将编号为 2 的车厢里的货物(88)换成新的货物(728)。

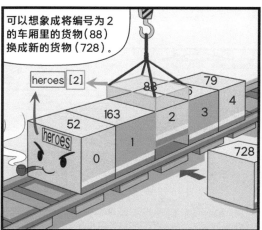

看!这就是更新后的结果!

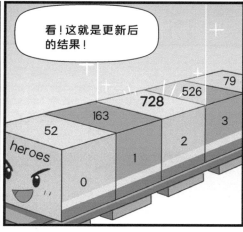

113

我要再加一个英雄该怎么办？

列表有个 append() 方法，可以将新元素追加到列表尾部。

比如我们新加一个英雄，他的经验值是 927，可以这样写：

```
example05.py - D:\list\example05.py (3.7.2)
File  Edit  Format  Run  Options  Window  Help
heroes = [52, 163, 88, 526, 79]
heroes. append(927)
print(heroes)
```

```
Python 3.7.2 Shell
File  Edit  Shell  Debug  Options  Window  Help
[52, 163, 88, 526, 79, 927]
>>>
                                          Ln: 6  Col: 4
```

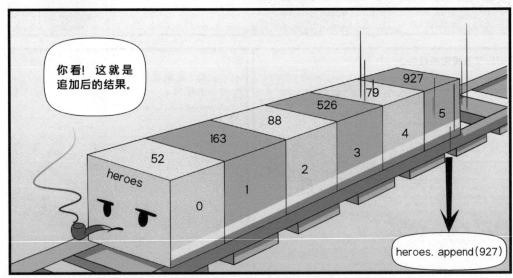

你看！这就是追加后的结果。

heroes. append(927)

为什么将我的英雄加在末尾？我要加在中间，该怎么办？

```
example06.py - D:/list/example06.py (3.7.2)
File  Edit  Format  Run  Options  Window  Help
heroes = [52, 163, 88, 526, 79]
heroes.insert(2, 927)
print(heroes)

Python 3.7.2 Shell
File  Edit  Shell  Debug  Options  Window  Help
[52, 163, 927, 88, 526, 79]
>>>
```

想加在中间，用 insert() 方法，比如将经验值 927 加到索引号为 2 的元素之前。

这张图展示了插入的结果！

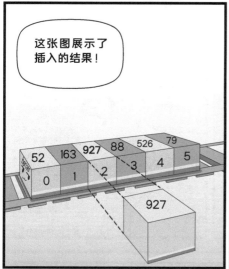

如果哪天我不想用某个英雄了，怎么删除呢？

我有两种方法删除列表中的元素……

如果想删除指定索引号的数据元素，可以用 pop() 方法。

比如我要删除索引号为 3 的英雄经验值，可以这样写：

```
example07.py - D:/list/example07.py (3.7.2)
File  Edit  Format  Run  Options  Window  Help
heroes = [52, 163, 88, 526, 79]
heroes.pop(3)
print(heroes)

Python 3.7.2 Shell
File  Edit  Shell  Debug  Options  Window  Help
[52, 163, 88, 79]
>>>
                                    Ln: 6  Col: 4
```

① pop() 方法

② remove() 方法

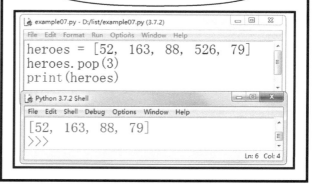

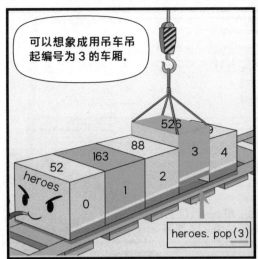

可以想象成用吊车吊起编号为 3 的车厢。

heroes.pop(3)

删除后，我变短了！

给pop()方法指定的索引号必须在索引区间范围内。

比如列表有5个元素，那索引区间从左到右为0到4，从右到左为-5到-1。

如果你给pop()方法指定的索引号不在范围内，程序就会出错，跳出 Indexerroc pop inder out of range 这样的错误。

pop()方法必须指定索引号才能删除。

但如果我不知道索引号，只知道要删除元素的值，该怎么办？

remove()方法是删除有特定值的数据元素，正好能解决你的问题，比如你想删除经验值为163的数据元素，可以这样写：

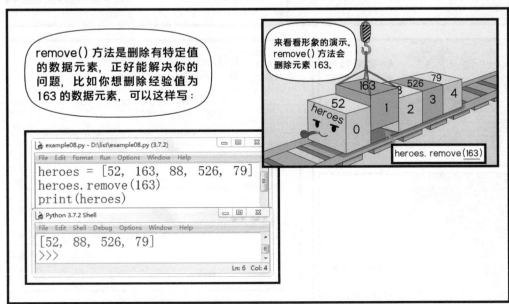

来看看形象的演示。remove()方法会删除元素163。

heroes.remove(163)

```
example08.py - D:\list\example08.py (3.7.2)
File Edit Format Run Options Window Help
heroes = [52, 163, 88, 526, 79]
heroes.remove(163)
print(heroes)
```

```
Python 3.7.2 Shell
File Edit Shell Debug Options Window Help
[52, 88, 526, 79]
>>>
                                    Ln: 6  Col: 4
```

Complete

瞧！这就是删除后的结果！

但要注意的是，给 remove() 方法指定的数据值在列表中必须存在。

如果不存在程序就会出错，这好比你要开除一个不存在的人，太傻了！

猪八戒

辞退

尴尬了！没有猪八戒……

可恶啊！我到底有多蠢啊！

如果是别人创建的列表，我怎么知道里面有什么值？

莫急！后文我会讲到运算符 in，它可以判断列表中是否含有特定的值。

还有一点要注意，如果你要删除的值在列表中重复出现，那remove()方法只会删除第一个。

比如有一个列表：
list2 = [23,6,7,5,6,12]

如果你用remove()方法删除值为6的元素，那它只会删除第二个元素，最终列表变为[23,7,5,6,12]。

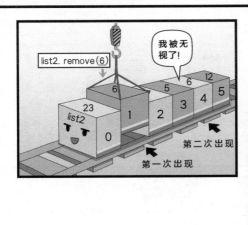

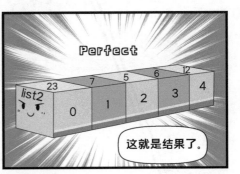

啊！对了，你刚才讲的pop()方法如果指定的索引号超出范围会报错误，但如果是别人创建的列表，我不知道它的长度，岂不是很容易因出错而背黑锅了！

len() 函数可以得到列表的长度，也就是列表中包含的元素数量。

使用起来也超级简单！

游戏一般都有排行榜，如果我想把英雄按照经验值从高到低排列，该怎么办？

sort() 方法可以对列表进行排序，默认是从小到大。

如果想降序排列，需要在 sort() 方法中添加参数 reverse=True。

不知道!

之前我们花了很大的篇幅讲解列表，大家知道为什么吗？

列表是 Python 的内置容器类型。

除了列表，内置的容器类型还有元组、集合、字典。

它们的用法和列表十分相似，一旦掌握了列表，很容易就可以学会它们。

你不会又要偷懒了吧!

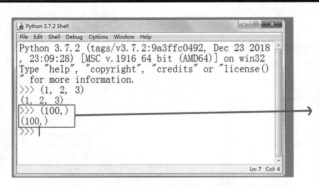

```
Python 3.7.2 Shell
File  Edit  Shell  Debug  Options  Window  Help
Python 3.7.2 (tags/v3.7.2:9a3ffc0492, Dec 23 2018
, 23:09:28) [MSC v.1916 64 bit (AMD64)] on win32
Type "help", "copyright", "credits" or "license()
" for more information.
>>> (1, 2, 3)
(1, 2, 3)
>>> (100,)
(100,)
>>>
                                              Ln: 7  Col: 4
```

对于单元素元组，如果元素后面没有逗号，Python 解释器会认为外面的括号是多余的。

(100) ⟶ 100 是整型

('Tom') ⟶ 'Tom' 是字符串类型

我们先来说元组，元组与列表非常相似，不同的地方是元组一旦定义，其内容就不可以修改。

语法上，元组的所有元素放在一对括号中，元素之间使用逗号分隔；如果元组中只有一个元素，则必须在最后增加一个逗号。

我们可以像访问列表元素一样访问元组中的元素。

也可以使用类似于字符串的切片形式访问元素。

因为元组有不可变的特性，我们可以修改列表指定位置的元素，但却不可以修改元组指定位置的元素。

有了列表为什么还要有元组呢？

另外，不只是修改，增、删元素在元组中也是不可以的。

122

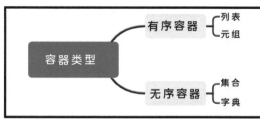

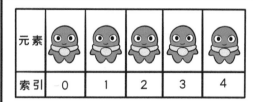

如果说列表、元组是**有序容器类型**，那么集合和字典就是**无序容器类型**。

有序容器可以通过索引访问元素。

无序容器无法通过索引访问元素。

集合使用一对大括号作为定界符，元素之间使用逗号分隔，同一个集合内的每个元素都是唯一的。

```
Python 3.7.2 Shell
File  Edit  Shell  Debug  Options  Window  Help
Python 3.7.2 (tags/v3.7.2:9a3ffc0492, Dec 23 2018, 23:09
:28) [MSC v.1916 64 bit (AMD64)] on win32
Type "help", "copyright", "credits" or "license()" for m
ore information.
>>> set1 = {3, 1, 4, 5}
>>> set2 = {'Tom', 'Tim', 'John'}
>>> print(set1)
{1, 3, 4, 5}
>>> print(set2)
{'John', 'Tim', 'Tom'}
>>>
                                              Ln: 9  Col: 4
```

如果我故意在集合里写重复的元素呢?

你可以试试啊!

这打太极的功夫有些年头了。

```
Python 3.7.2 Shell
File Edit Shell Debug Options Window Help
Python 3.7.2 (tags/v3.7.2:9a3ffc0492, Dec 23 2018,
23:09:28) [MSC v.1916 64 bit (AMD64)] on win32
Type "help", "copyright", "credits" or "license()"
for more information.
>>> set3 = {1, 2, 3, 3, 4, 4}
>>> print(set3)
{1, 2, 3, 4}
>>>
                                                    Ln: 6  Col: 4
```

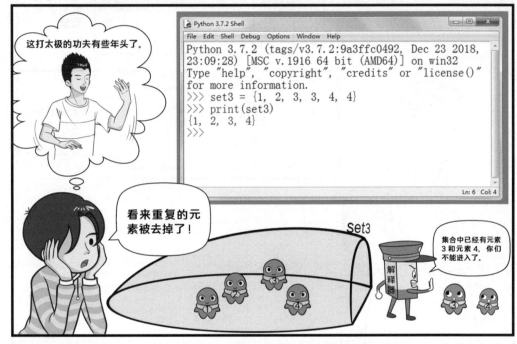

看来重复的元素被去掉了!

Set3

集合中已经有元素3和元素4,你们不能进入了。

解释器

由于集合是无序的容器,因此我们不能通过索引访问。

那么可以添加、删除元素吗?

```
example01.py - D:\container\example01.py (3.7.2)
File Edit Format Run Options Window Help
set4 = {'apple', 'orange', 'peach', 'banana', 1, 2}
set4.add('pear')    # 添加一个元素
print(set4)
set4.pop()          # 随机删除一个元素
print(set4)
Python 3.7.2 Shell
File Edit Shell Debug Options Window Help
{1, 2, 'pear', 'peach', 'banana', 'apple', 'orange'}
{2, 'pear', 'peach', 'banana', 'apple', 'orange'}
>>>
```

这个是可以的。不过我们无法决定添加元素所在的位置,也无法删除指定位置的元素。

我怎么感觉集合的元素有一定的顺序规律呢？

这一发现不无道理，集合元素的顺序其实是按照一些算法规则得来的，不过实际开发中我们完全没有必要去理会它，意义不大。

假如我真的知道要删除集合中的什么元素，该怎么办呢？

```
Python 3.7.2 Shell                                              □ □ ▨
File Edit Shell Debug Options Window Help
Python 3.7.2 (tags/v3.7.2:9a3ffc0492, Dec 23 2018, 23:09:28)
[MSC v.1916 64 bit (AMD64)] on win32
Type "help", "copyright", "credits" or "license()" for more i
nformation.
>>> set5 = {'apple', 'orange', 'peach', 'banana'}
>>> set5.remove('orange')
>>> print(set5)
{'apple', 'banana', 'peach'}
>>>
```

使用 remove() 方法即可！

在我们讲解的几个容器类型中最特殊的莫过于字典了。相信上学期间我们都使用过词典，每一个词语的后面都会有大段的解释，它们共同组成了一个条目。

学习：是指通过阅读、听讲、思考、研究、实践等途径获得知识和技能的过程。

条目

这位大叔，你暴露了自己的年龄。

咳！咳！Python中的字典和现实的词典很像，字典中的条目由键(key)和值(value)组成，表示一种对应关系，类似于通过联系人姓名查找联系人信息情况的信息簿。

键	值
张三	一名大学生

不同条目之间用逗号分隔，所有元素放在一对大括号中，键和值之间以冒号分隔。字典中的"键"不允许重复，而"值"是可以重复的。

```
Python 3.7.2 Shell
File  Edit  Shell  Debug  Options  Window  Help
Python 3.7.2 (tags/v3.7.2:9a3ffc0492, Dec 23 2018, 23:09:28) [
MSC v.1916 64 bit (AMD64)] on win32
Type "help", "copyright", "credits" or "license()" for more in
formation.
>>> info = {'name': 'Tom', 'age': 16, 'gender': 'male'}
>>> print(info)
{'name': 'Tom', 'age': 16, 'gender': 'male'}
>>>
```

这里创建了一个字典，并打印出来。

集合是无序容器，我们无法通过索引访问内部的元素，同样是无序容器的字典是不是也无法访问内部元素呢？

```
Python 3.7.2 Shell
File  Edit  Shell  Debug  Options  Window  Help
Python 3.7.2 (tags/v3.7.2:9a3ffc0492, Dec 23 2018, 23:09:28
[MSC v.1916 64 bit (AMD64)] on win32
Type "help", "copyright", "credits" or "license()" for more
information.
>>> info = {'name': 'Tom', 'age': 16, 'gender': 'male'}
>>> print(info['age'])
16
>>>
                                                    Ln: 6  Col: 4
```

通过键访问值

No! No! No!
我们是可以访问字典内部元素的值的。不过和列表不同，我们只能通过字典的键访问对应的值！

126

为什么我访问的这个就不行呢?

因为字典中没有 phone 这个键, 得不到就只能报错了。

当然可以, 代码是这样的:

修改字典对应的值是不是也可以啊?

127

```
Python 3.7.2 Shell
File Edit Shell Debug Options Window Help
Python 3.7.2 (tags/v3.7.2:9a3ffc0492, Dec 23 2018, 23:09:28)
[MSC v.1916 64 bit (AMD64)] on win32
Type "help", "copyright", "credits" or "license()" for more
information.
>>> info = {'name': 'Tom', 'age': 16, 'gender': 'male'}
>>> info['height'] = 170
>>> print(info)
{'name': 'Tom', 'age': 16, 'gender': 'male', 'height': 170}
>>>
                                                      Ln: 7 Col: 4
```

咦！老狮，为什么我修改了一个字典中**没有的键**，反而给字典增加了新的条目？

哈哈，因为这个正是给字典新加条目的方法。当修改的键不在字典中时，相当于给字典新加了条目。

那我们如何删掉一个条目呢？

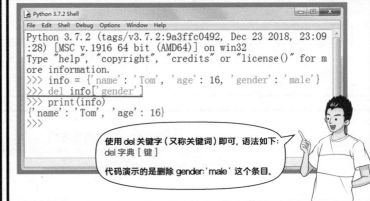

```
Python 3.7.2 Shell
File Edit Shell Debug Options Window Help
Python 3.7.2 (tags/v3.7.2:9a3ffc0492, Dec 23 2018, 23:09
:28) [MSC v.1916 64 bit (AMD64)] on win32
Type "help", "copyright", "credits" or "license()" for m
ore information.
>>> info = {'name': 'Tom', 'age': 16, 'gender': 'male'}
>>> del info['gender']
>>> print(info)
{'name': 'Tom', 'age': 16}
>>>
```

使用 del 关键字（又称关键词）即可，语法如下：
del 字典 [键]

代码演示的是删除 gender：'male' 这个条目。

可以的，列表、元组、集合、字典都可以是空的。

```
example02.py - D:/container/example02.py (3.7.2)
File Edit Format Run Options Window Help
empty_list = []    #空列表
empty_tuple = ()   #空元组
empty_set = set()  #空集合
empty_dict = {}    #空字典
                                            Ln: 3 Col: 22
```

容器中可不可以什么元素都没有呢？

因为字典和集合都使用大括号将元素括起来，所以为了避免和字典重复，使用 set() 创建一个空集合。

大家有没有想过这个世界可能是虚拟的。

真的吗？你为什么这样猜测？

小奇，你这个设定上的好学生怎么装作很好奇的样子呢？

我们生活中的各种各样的关系都可以用计算机来模拟，也许我们的世界就是超级计算机模拟的。

怎么模拟呢？

当然是靠运算进行模拟啦！

运算是一种行为，通过组合已知的量，得到新的量。

129

Python 的运算符主要有这几类：

1. 算术运算符；
2. 赋值运算符；
3. 关系运算符；
4. 逻辑运算符；
5. 成员运算符；
6. 身份运算符；
7. 集合运算符；
8. 位运算符。

作为初学者，先掌握前 6 类运算符就可以了，没必要一口吃个胖子，毕竟不太容易消化。

算术运算符非常简单，就是我们在小学课程中学到的加、减、乘、除、指数、求余运算。

序号	运算符	意义	示例	结果
1	+	两个操作数相加	7+2	9
2	–	两个操作数相减	7-2	5
3	*	两个操作数相乘	7*2	14
4	/	两个操作数相除	7/2	3.5
5	%	取余	7%2	1
6	//	取商的整数部分	7//2	3
7	**	（操作数 1）的（操作数 2）次方	7**2	49

操作数是运算符作用的实体，可能是数字、字符串、列表、集合对象等。

具体什么类型的对象能够使用什么运算符视情况而定！

算术运算符主要是模拟数学上的运算。先来看加、减、乘、除，其中乘号用 * 表示，而除号用 / 表示。

```
example01.py - D:\operator\example01.py (3.7.2)
File Edit Format Run Options Window Help
print(100 + 300)
print(100 - 300)
print(3 * 4)
print(5 / 2)
```

```
Python 3.7.2 Shell
File Edit Shell Debug Options Window Help
400
-200
12
2.5
>>>
                                        Ln: 9  Col: 4
```

我记得数学上除数不能为 0 吧!

```
Python 3.7.2 Shell
File Edit Shell Debug Options Window Help
Python 3.7.2 (tags/v3.7.2:9a3ffc0492, Dec 23 2018, 23:09:28
) [MSC v.1916 64 bit (AMD64)] on win32
Type "help", "copyright", "credits" or "license()" for more
information.
>>> print(3 / 0)
Traceback (most recent call last):
  File "<pyshell#0>", line 1, in <module>
    print(3 / 0)
ZeroDivisionError: division by zero
>>>
                                        Ln: 8  Col: 4
```

没错! 当除数为 0 时, Python 就会报错。

Python 除了传统的除法，还为我们提供了取商整数部分的运算符，用 // 表示。

① 7 // 2 = □   7 ÷ 2 = 3.5

② 7 // 2 = 3

一定要记住，这个运算的除数也不能为 0。代码演示如下：

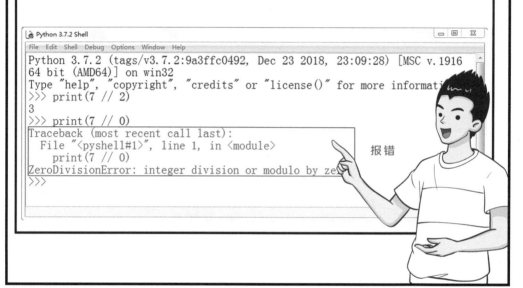

Python 也提供了求一个除法运算中余数的运算符，用 % 表示。因为取余操作同样和除法有关，所以第二个操作数不可以为 0。

商   余数

7 ÷ 2 = 3 ······ $\boxed{1}$

7 % $\boxed{2}$ = 1

不可以为0

最后一个算术运算符是指数运算符,用 ** 表示。

计算 2 的 8 次方写成:

2 ** 8

等价于: 2^8。

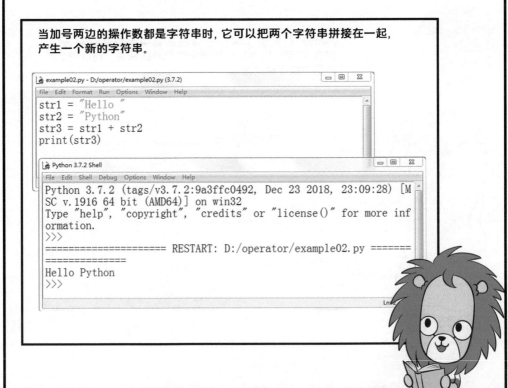

当加号两边的操作数都是字符串时,它可以把两个字符串拼接在一起,产生一个新的字符串。

当加号两边的操作数都是列表时，它可以把两个列表的元素按顺序拼在一起，产生一个新的列表。

计算完的结果可以赋值给一个变量：

x = 1 + 1

在这个式子里实际上有两种类型的运算符。

原来等号也是个运算符啊！

没错，当时我们说过 "=" 用于给变量赋值，但是 "=" 只是众多赋值运算符中的一个，完整的赋值运算符在这张表中：

序号	运算符	示例	等价	结果
1	=	num=7	num=7	7
2	+=	num+=2	num=num+2	9
3	–=	num-=2	num=num-2	5
4	*=	num*=2	num=num*2	14
5	/=	num/=2	num=num/2	3.5
6	%=	num%=2	num=num%2	1
7	//=	num//=2	num=num//2	3
8	**=	num*=2	num=num**2	49

我记得之前的课上说过它。

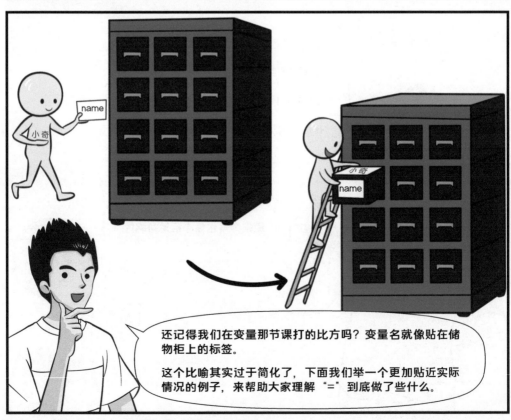

还记得我们在变量那节课打的比方吗？变量名就像贴在储物柜上的标签。

这个比喻其实过于简化了，下面我们举一个更加贴近实际情况的例子，来帮助大家理解 "=" 到底做了些什么。

登记表

姓名	门牌

内存

栈内存　　　堆内存

数据

假如代码如下：

x = 1000

首先，我们需要知道内存分成两块 一块是栈内存，另一块是堆内存。

栈内存类似于登记表；堆内存可以被想象成一幢巨型旅馆，里面有成千上万个房间。

现实生活中房间是住人的，但计算机内存中的房间住着的是数据。

当解释器看到 x = 1000 时，它会立刻明白，数据 1000 想要入住。

堆

我的名字是 x。

你叫什么名字？

解释器

为了方便我们找到住着的数据 1000, 在栈内存中会做一项登记。

它主要由变量名和引用组成, 其中变量名用于标识变量, 而引用往往用于记录数据所在房间的门牌号。

当前创建的这个变量的变量名是 x, 因此我们称这个变量为变量 x。等号会把 1000 所在房间的门牌号记录到变量 x 的引用处, 这被称为赋值操作。

堆

登记表
变量名 引用
x

通过栈中的登记表我们就可以找到数值 1000 了。

那其他的赋值运算符又是什么意思呢?

我发现除了等号,其他的赋值运算符基本上都是在等号前面加了一个算术运算符。

说的一点没错。

除了 "=",其他几个赋值运算符在形式上有着相似点,在使用的思路上也是相似的。

因此你只要明白了 "+=",其他几个也就明白了。

当我们看到一句话是

x += 1

它其实等价于:

x = x + 1

相当于先根据变量名找到房间里面的东西,让它加 1 后,再重新分配一个房间。

原来是这么一回事!

140

旁边为演示代码。

剩下的几个赋值运算符我就不再多讲了。

再来说一种我们小学时讲过的运算符号——关系运算符。

它的另一个名字是"比较运算符",从名字就能看出它的用途。

我怎么不记得曾经讲过?

关系运算符常用来比较两个操作数,结果返回一个布尔类型的值。

序号	运算符	意义	示例	结果
1	==	等于(操作数1是否等于操作数2)	7 == 2	False
2	!=	不等于(操作数1是否不等于操作数2)	7 != 2	True
3	>	大于(操作数1是否大于操作数2)	7 > 2	True
4	<	小于(操作数1是否小于操作数2)	7 < 2	False
5	>=	大于等于(操作数1是否大于等于操作数2)	7 >= 2	True
6	<=	小于等于(操作数1是否小于等于操作数2)	7 <= 2	False

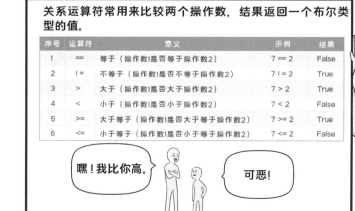

嘿!我比你高。

可恶!

我们可以把 Python 解释器当成一个法官，由它来判断输入的关系运算是真还是

喂! 7 < 2 是真的吗?

假的 (False)!

这里在 shell 模式下给大家演示了关系运算符的案例。

逻辑运算主要围绕布尔类型的值进行。

序号	运算符	意义	示例	结果
1	not	逻辑非，操作数为True时，表达式为False；操作数为False时，表达式为True	not True	False
			not False	True
2	and	逻辑与，两个操作数都为True时，表达式结果为True，否则结果为False	True and True	True
			True and False	False
			False and True	False
			Flase and False	False
3	or	逻辑或，两个操作数都为False时，表达式结果为False，否则结果为True	True or True	True
			True or False	True
			False or True	True
			Flase or False	False

我们可以把布尔类型的值看成一个开关的两个状态。

True 看成连通状态，False 看成断开状态。

连通（True）

断开（False）

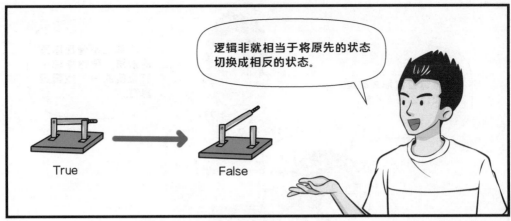

逻辑非就相当于将原先的状态切换成相反的状态。

True ⟶ False

当两个操作数进行逻辑与操作时，如果两个数都为 True，则表达式结果为 True，否则结果为 False。
当两个操作数进行逻辑或操作时，如果两个操作数都为 False，则表达式结果为 False，否则结果为 True。

如果电路中灯泡的亮灭表示逻辑运算的结果：亮是 True，灭是 False。

亮（True）　　　　灭（False）

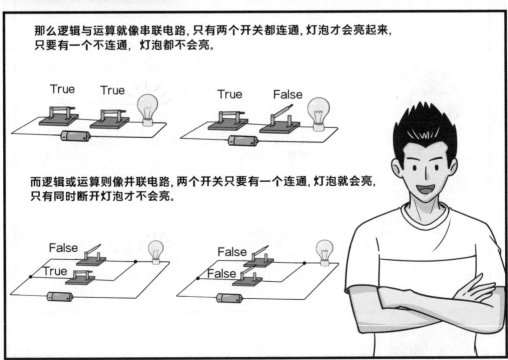

那么逻辑与运算就像串联电路，只有两个开关都连通，灯泡才会亮起来，只要有一个不连通，灯泡都不会亮。

True　True　　　　True　False

而逻辑或运算则像并联电路，两个开关只要有一个连通，灯泡就会亮，只有同时断开灯泡才不会亮。

False
True　　　　False
　　　　　　　False

145

它们都是 Python 内置的容器类型。

成员运算符 in 用于判断某个数据元素是否在某个容器中。

这个容器中有没有叫"Tom"的?

我给你找找看。

```
Python 3.7.2 (tags/v3.7.2:9a3ffc0492, Dec 23 2018, 23:09:28) [MSC v.1916 64 bit
(AMD64)] on win32
Type "help", "copyright", "credits" or "license()" for more information.
>>> print("Python" in "I like Python")      判断一个字符串是否被另一个字符串包含
True
>>> print(100 in [200, 300, 100])           判断元素是否在列表中
True
>>> print(100 in set([100, 200, 300]))      判断元素是否在集合中
True
>>> print(100 in (100, 200, 300))           判断元素是否在元组中
True
>>> point = {'x': 100, 'y': 200, 'z': 300}
>>> print('x' in point)                     判断元素是否是字典的键
True
>>>
```

当然我们也可以判断一个元素是否不在容器中,使用运算符 not in。比如判断 100 是否不在列表中,代码如下:

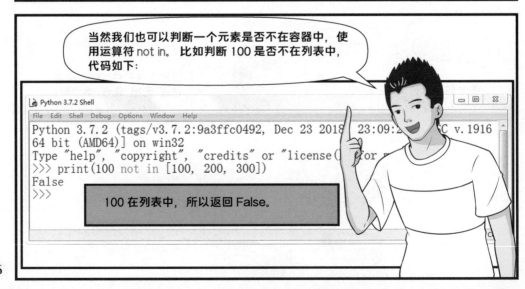

```
Python 3.7.2 (tags/v3.7.2:9a3ffc0492, Dec 23 2018, 23:09:2   C v.1916
64 bit (AMD64)] on win32
Type "help", "copyright", "credits" or "license()  for
>>> print(100 not in [100, 200, 300])
False
>>>
```

100 在列表中,所以返回 False。

我们来查看变量的引用，下面是代码演示。

你的程序打印的数字很可能和这里不一样，但这并不意味着你错了。

身份运算符的功能其实就是判断两个变量的引用是否相同或不相同。

序号	运算符	意义	示例	结果
1	is	判断两个标识符是不是引用自同一个对象（类似 id(x) == id(y)）	在shell模式下： x = 100 y = 100 x is y	True
2	is not	判断两个标识符是不是引用自不同对象（类似 id(x) != id(y)）	在shell模式下： x = 1000 y = 1000 x is not y	True

这和身份运算符有什么关系呢？

先来看代码和结果，我再给大家解释。

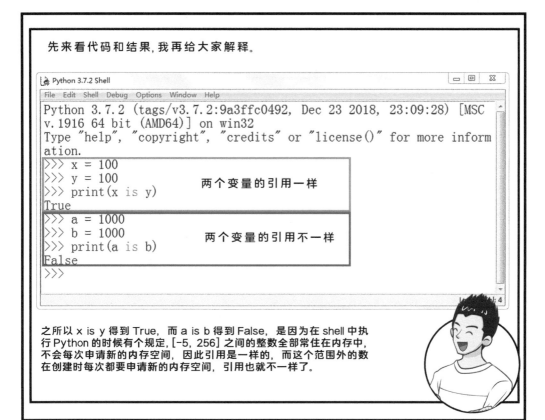

```
Python 3.7.2 Shell
File  Edit  Shell  Debug  Options  Window  Help
Python 3.7.2 (tags/v3.7.2:9a3ffc0492, Dec 23 2018, 23:09:28) [MSC
v.1916 64 bit (AMD64)] on win32
Type "help", "copyright", "credits" or "license()" for more inform
ation.
>>> x = 100
>>> y = 100         两个变量的引用一样
>>> print(x is y)
True
>>> a = 1000
>>> b = 1000        两个变量的引用不一样
>>> print(a is b)
False
>>>
```

之所以 x is y 得到 True，而 a is b 得到 False，是因为在 shell 中执行 Python 的时候有个规定，[-5, 256] 之间的整数全部常住在内存中，不会每次申请新的内存空间，因此引用是一样的，而这个范围外的数在创建时每次都要申请新的内存空间，引用也就不一样了。

当多个运算符同时出现的时候，我们希望某个运算符优先计算，只要把它用括号括起来就可以。

比如：

((3+2) * (4-10))/2

先计算 3+2 以及 4-10，再把两者相乘后除以 2。

如果猪可以吃就是湿垃圾，如果猪不乐意吃就是干垃圾，如果猪吃了会死就是有害垃圾，如果卖了可以买猪就是可回收物。

猪可以吃

猪不乐意吃

猪吃了会死

卖了可以买猪

湿垃圾　　干垃圾　　有害垃圾　　可回收物

注：湿垃圾即厨余垃圾，干垃圾即其他垃圾。

还挺有趣的！

咱们可以自己编一套程序，来帮助我们解决垃圾分类问题。

快教教我们，这个功能该怎么实现？

莫急，莫急！心急吃不了热豆腐！咱们回头看看小酷是怎么描述这一逻辑的！

如果猪可以吃就是湿垃圾，

如果猪不乐意吃就是干垃圾，

如果猪吃了会死就是有害垃圾，

如果卖了可以买猪就是可回收物。

"如果"这个词频繁出现。

这和程序有什么关系？

当然有关系了，其实编程和写英语作文的差别不是很大。大家知道英文有一些特定的语法，像什么主谓宾啦，什么定语从句啦，等等。总之，有一堆语法。

Anne wants a friend. 主+谓+宾

主语　谓语　宾语

Anne is a pretty girl. 主+系+表

主语　系动词　表语

大家英语考试写作文的时候，如果语法不对，你们亲爱的英语老师在阅卷时还会扣你们几分。

编程语言也有一些特定的语法。

我们之前已经了解过代码默认按先后顺序执行，一行一行来，不能中断，不能跳转。

像刚才小酷描述的对垃圾的判断就不适用于顺序结构了。

因为一种垃圾到底是什么种类，要看猪能不能吃，这就有一个判断的过程，或者说有一个"如果"的条件。满足这个条件则执行，不满足就不执行。

小范，"如果"用英语怎么说？

嗯……是 if。

很好！大家注意，if 在 Python 语言中是一个关键字，有特殊的含义，这里暂时放下不讲，等会儿再去聊它。

假如咱们现在手上有一个垃圾要丢，这个垃圾用变量 rubbish 表示。

下面用中式英语翻译小酷刚才的小猪垃圾分类法。

先简单点，只判断哪些是湿垃圾。

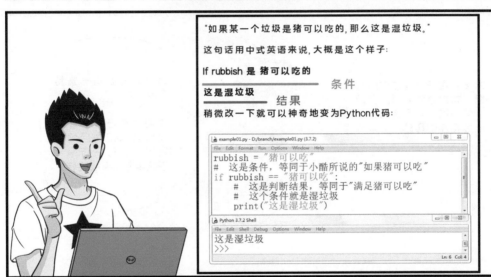

"如果某一个垃圾是猪可以吃的，那么这是湿垃圾。"

这句话用中式英语来说，大概是这个样子：

If rubbish 是 猪可以吃的
————————————— 条件
这是湿垃圾
————————— 结果

稍微改一下就可以神奇地变为 Python 代码：

```
example01.py - D:/branch/example01.py (3.7.2)
File  Edit  Format  Run  Options  Window  Help
rubbish = "猪可以吃"
#  这是条件，等同于小酷所说的"如果猪可以吃"
if rubbish == "猪可以吃":
    #  这是判断结果，等同于"满足猪可以吃"
    #  这个条件就是湿垃圾
    print("这是湿垃圾")
```

```
Python 3.7.2 Shell
File  Edit  Shell  Debug  Options  Window  Help
这是湿垃圾
>>>
                                                        Ln: 6  Col: 4
```

那这只判断了湿垃圾，其他的该怎么办？

别急！待老夫慢慢道来……

小范，"其他"的英语单词是什么？

怎么总是问我，"其他"的英文是 else。

对！一会儿我就会利用这个单词，使垃圾分类小程序更完善。

额外补充一下，else 也是 Python 的关键字哦！而且它经常和 if 一起出现，它们是程序届的最强搭档。

我们依然先用中式英语描述一下要实现的逻辑。

If rubbish 是 猪可以吃的

这是湿垃圾　　这里和前面一样

其他的　------→　条件: 不满足猪可以吃

这是其他垃圾　------→　结果

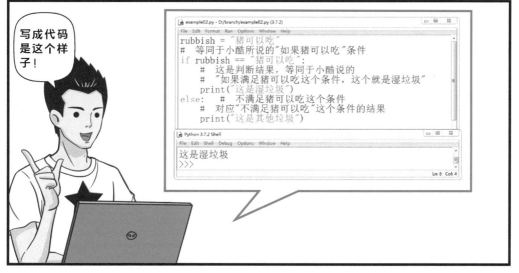

写成代码是这个样子！

```
example02.py - D:/branch/example02.py (3.7.2)
File Edit Format Run Options Window Help
rubbish = "猪可以吃"
# 等同于小酷所说的"如果猪可以吃"条件
if rubbish == "猪可以吃":
    # 这是判断结果,等同于小酷说的
    # "如果满足猪可以吃这个条件,这个就是湿垃圾"
    print("这是湿垃圾")
else:    # 不满足猪可以吃这个条件
    # 对应"不满足猪可以吃"这个条件的结果
    print("这是其他垃圾")
```

```
Python 3.7.2 Shell
File Edit Shell Debug Options Window Help
这是湿垃圾
>>>
                                          Ln: 6 Col: 4
```

155

满足条件干某件事，不满足条件干另一些事。这和咱们平常所说的很相似嘛！

对！程序其实就是把咱们想做的事情翻译成代码，交给计算机去做。

顺序结构的程序虽然能解决计算、输出等问题，但不能先做判断再选择。

对于这类需求就要使用分支结构。

分支结构的执行是依据分析程序流程，构造合适的分支条件及执行语句。

if

else

其实大家不用管这么复杂、专业的定义，只需要知道遇到程序在执行时需要根据条件做出选择的时候用 if 关键字就可以了。

嗯，原来就是一个判断而已。

这让我想起了《大话西游》中的名句！

如果上天能够给我一个再来一次的机会，我会对那个女孩说三个字"我爱你"；如果非要在这份爱上加一个期限，我希望是一万年！

这也是一个条件分支语句，哈哈！

刚才 if-else 只是判断了湿垃圾，程序的功能还没完全实现呢！

咳咳……都怪小酷打岔，让我走神了……

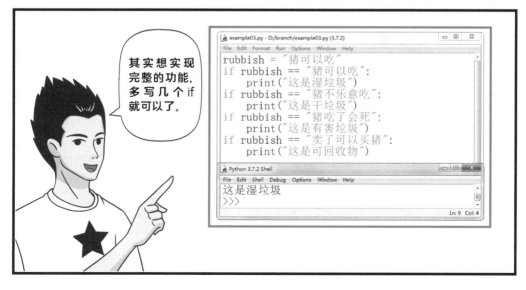

其实想实现完整的功能，多写几个 if 就可以了。

```python
rubbish = "猪可以吃"
if rubbish == "猪可以吃":
    print("这是湿垃圾")
if rubbish == "猪不乐意吃":
    print("这是干垃圾")
if rubbish == "猪吃了会死":
    print("这是有害垃圾")
if rubbish == "卖了可以买猪":
    print("这是可回收物")
```

```
这是湿垃圾
>>>
```

```
example04.py - D:/branch/example04.py (3.7.2)
File Edit Format Run Options Window Help
rubbish = "猪可以吃"
if rubbish == "猪可以吃":
    print("这是湿垃圾")
elif rubbish == "猪不乐意吃":
    print("这是干垃圾")
elif rubbish == "猪吃了会死":
    print("这是有害垃圾")
elif rubbish == "卖了可以买猪":
    print("这是可回收物")
```

```
Python 3.7.2 Shell
File Edit Shell Debug Options Window Help
这是湿垃圾
>>>
                                    Ln: 6 Col: 4
```

或者借助 if 与 else 的合体——elif 来实现。

elif 的作用就是在排除上面不满足的条件之后，再判断其他条件。

旁边是改过的代码，大家看看。

```
example03.py - D:/branch/example03.py (3.7.2)
File Edit Format Run Options Window Help
rubbish = "猪可以吃"
if rubbish == "猪可以吃":
    print("这是湿垃圾")
if rubbish == "猪不乐意吃":
    print("这是干垃圾")
if rubbish == "猪吃了会死":
    print("这是有害垃圾")
if rubbish == "卖了可以买猪":
    print("这是可回收物")
```

```
Python 3.7.2 Shell
File Edit Shell Debug Options Window Help
这是湿垃圾
>>>
```

这样写好像更麻烦了，不是吗？

elif 和 if 到底有什么差别？

```
example04.py - D:/branch/example04.py (3.7.2)
File Edit Format Run Options Window Help
rubbish = "猪可以吃"
if rubbish == "猪可以吃":
    print("这是湿垃圾")
elif rubbish == "猪不乐意吃":
    print("这是干垃圾")
elif rubbish == "猪吃了会死":
    print("这是有害垃圾")
elif rubbish == "卖了可以买猪":
    print("这是可回收物")
```

```
Python 3.7.2 Shell
File Edit Shell Debug Options Window Help
这是湿垃圾
>>>
                                    Ln: 6 Col: 4
```

谁说的？我们换一个例子你就知道它的好处了。假如不同年龄段的人要干不同的事情，我们将年龄段做个划分。

未成年人：0~17 岁
青年人：18~65 岁
中年人：66~79 岁
老年人：80~120 岁

怎样编写程序来判断一个人所处的年龄段呢？

左边是我们只使用 if 的代码，而右边是我们将 if 和 elif 结合编写的代码。能看出差别吗？

就拿 elif age < =65 这一行来说，它判断的是如果年龄小于等于 65 岁，就打印 "青年人"，但是这里还有个隐含条件，就是年龄要大于 17 岁。elif 会排除上面已经不满足的条件。

我明白了!

那年龄大于 120 岁的是什么，难道不应该考虑吗？

用程序又该怎么写？

哈哈，小酷你果然上钩了，我就等着你问呢! 我们刚才说了 if 和 elif 的结合，实际上 if-elif-else 才是经常一起使用的组合。

如果大于 120 岁就打印 "仙人"，else 负责处理不满足上述所有条件的情况，代码如右侧所示。

```
example08.py - D:/branch/example08.py (3.7.2)
File Edit Format Run Options Window Help
rubbish = "猪可以吃"
if rubbish == "猪可以吃":
    print("这是湿垃圾")
elif rubbish == "猪不乐意吃":
    print("这是干垃圾")
elif rubbish == "猪吃了会死":
    print("这是有害垃圾")
elif rubbish == "卖了可以买猪":
    print("这是可回收物")
else:
    if rubbish == "废弃的马桶":
        print("建筑垃圾")
    else:
        print("这个垃圾无法识别")
                                         Ln: 17  Col: 0
```

如果有些地方对干垃圾分得更细，比如废弃的马桶，理论上猪不能吃，它应该属于干垃圾，但是有些地方会单独把这类垃圾分为建筑垃圾。如果用程序描述的话，我们可以在最后 else 的那个条件语句中加一个嵌套，看旁边的代码就明白了。

到这里这个简单的垃圾分类程序就完成了，它用到了选择语句。

但心急吃不了热豆腐，要打好基础慢慢来。将来学习了图片识别等技术，届时你编写的程序的功能会越来越强大。

这得到什么时候啊！

我们来总结一下分支结构常用的 3 种形式。

单分支结构

if 条件表达式：
　语句块

双分支结构

if 条件表达式：
　语句块
else:
　语句块

多分支结构

if 条件表达式1：
　语句块
elif 条件表达式2：
　语句块
elif 条件表达式3：
　语句块
......
else:
　语句块

循环结构

小范，小酷呢？

他因为打游戏被老狮罚跑圈呢。

哎呀，谁在念叨我？

耳朵可真好使……

其实我是想通过小酷跑圈给大家讲一个新的知识——**循环结构**。

可恶！害我跑那么多圈！这和今天的循环结构有什么关系？

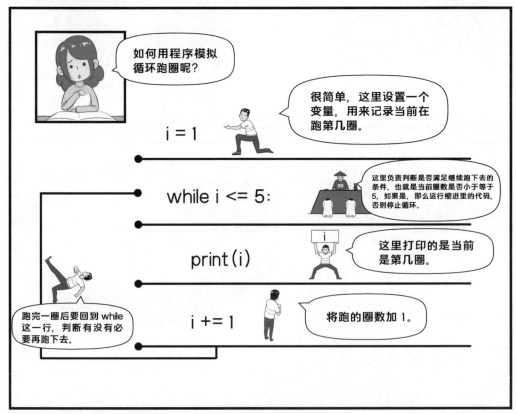

while 循环由 while 关键字开头，后面跟一个条件。
当条件成立时，执行循环体；当条件不成立时，退出循环。

循环体其实就是需要重复执行的一段代码。

while 条件：

　　循环体

对之前的代码稍作改变，运行一下。

```python
i = 1   # 变量i 用于计数
while i <= 5:   # 当i小于等于5的情况下执行缩进的循环体
    print('当前是第', i, '圈')   # print()函数可以在一行打印多个值
    i += 1   # 计数加1

print('跑圈结束')   # 循环结束后才会打印这句话
```

```
Python 3.7.2 (tags/v3.7.2:9a3ffc0492, Dec 23 2018, 23:09:28
) [MSC v.1916 64 bit (AMD64)] on win32
Type "help", "copyright", "credits" or "license()" for more
information.
>>>
===================== RESTART: D:/loop/example01.py ======
================
当前是第 1 圈
当前是第 2 圈
当前是第 3 圈
当前是第 4 圈
当前是第 5 圈
跑圈结束
>>>
```

小奇，知道了循环的用法，你能不能通过循环语句，把列表中的元素分行打印出来呢？

```python
color_list = ['red', 'green', 'blue', 'black']
i = 0   # 变量i 用于访问color_list的索引
length = len(color_list)   # color_list 中元素的个数
while i < length:   # 循环，使得索引从0取到length-1
    print(color_list[i])
    i += 1
```

```
Python 3.7.2 (tags/v3.7.2:9a3ffc0492, Dec 23 2018, 23:09:28)
[MSC v.1916 64 bit (AMD64)] on win32
Type "help", "copyright", "credits" or "license()" for more
information.
>>>
===================== RESTART: D:/loop/example02.py ==
red
green
blue
black
>>>
```

这个简单！看我的代码！

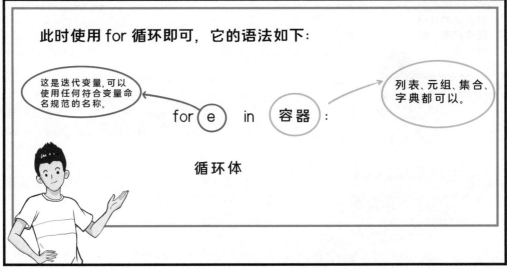

164

接下来，让小酷以"魔法师 e"的身份参加跑圈运动。

在起始位置放置一箱多种口味的汽水。

我们可以给起始线起个名字叫"for 线"，小酷每跑一圈都要经过它。装汽水的箱子是形象化的容器。

for 跑圈运动

我堂堂魔法师居然参加这种无聊的运动。

for

容器

注：这里容器以列表为例。

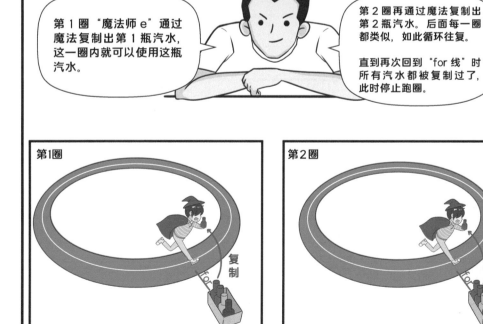

第 1 圈"魔法师 e"通过魔法复制出第 1 瓶汽水，这一圈内就可以使用这瓶汽水。

第 2 圈再通过魔法复制出第 2 瓶汽水。后面每一圈都类似，如此循环往复。

直到再次回到"for 线"时所有汽水都被复制过了，此时停止跑圈。

第1圈

复制

for

第2圈

复制

for

165

我就是累不死也得让水撑死!

我们来看一下通过 for 循环迭代列表、元组、集合的代码:

```
print('----------迭代列表----------')
for e in ['蓝色', '红色', '绿色', '紫色']:    # 迭代列表
    print(e)

print('----------迭代元组----------')
for e in ('蓝色', '红色', '绿色', '紫色'):    # 迭代元组
    print(e)

print('----------迭代集合----------')
for e in {'蓝色', '红色', '绿色', '紫色'}:    # 迭代集合
    print(e)
```

```
Python 3.7.2 Shell
File Edit Shell Debug Options Window Help
Python 3. 7. 2 (tags/v3. 7. 2:9a3ffc0492, Dec 23 2018, 23:09:28)
[MSC v. 1916 64 bit (AMD64)] on win32
Type "help", "copyright", "credits" or "license()" for more
information.
>>>
============== RESTART: D:\loop\example03.py ======
============
----------迭代列表----------
蓝色
红色
绿色
紫色
----------迭代元组----------
蓝色
红色
绿色
紫色
----------迭代集合----------
绿色
紫色
蓝色
红色
>>>
```

注意!集合是无序容器。无序容器在迭代的时候顺序无法预测。

老狮,容器里好像还有字典,你可别忘了。

他年龄大了,记性不是很好。

小酷,你在说什么? 我可是故意不说它的!

为什么？

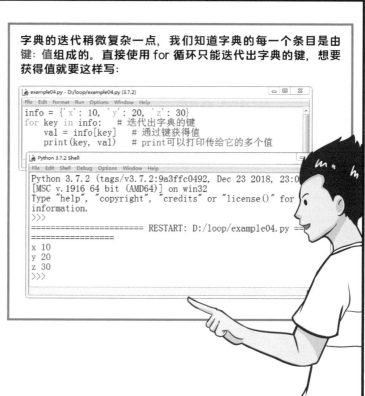

字典的迭代稍微复杂一点，我们知道字典的每一个条目是由键：值组成的。直接使用 for 循环只能迭代出字典的键，想要获得值就要这样写：

```
example04.py - D:/loop/example04.py (3.7.2)
File  Edit  Format  Run  Options  Window  Help
info = {'x': 10, 'y': 20, 'z': 30}
for key in info:    # 迭代出字典的键
    val = info[key]    # 通过键获得值
    print(key, val)    # print可以打印传给它的多个值
```

```
Python 3.7.2 Shell
File  Edit  Shell  Debug  Options  Window  Help
Python 3.7.2 (tags/v3.7.2:9a3ffc0492, Dec 23 2018, 23:0
[MSC v.1916 64 bit (AMD64)] on win32
Type "help", "copyright", "credits" or "license()" for
information.
>>>
======================= RESTART: D:/loop/example04.py ==
================
x 10
y 20
z 30
>>>
```

原来如此。那 for 循环能像 while 循环那样设置计数功能吗？

可以的，而且更加简洁。将 in 关键字后面的容器替换成 range(stop) 函数即可，语法如下：

for i in range(stop):
　　循环体

i 会从 0 开始，依次取到 stop − 1 的数。比如我们要打印大于等于 0 且小于 10 的数，可以这样写：

```
example06.py - D:/loop/example06.py (3.
File  Edit  Format  Run  Options  Window  Help
for i in range(10):
    print(i)
```

```
Python 3.7.2 Shell
File  Edit  Shell  Debug  Options  Window  Help
Python 3.7.2 (tags/v3.7.2:9a3ffc0492, Dec 23 2018, 23:0
[MSC v.1916 64 bit (AMD64)] on win32
Type "help", "copyright", "credits" or "license()" for mo
information.
>>>
======================= RESTART: D:/loop/example06.py ======
================
0
1
2
3
4
5
6
7
8
9
>>>
```

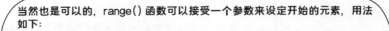

当然也是可以的，range() 函数可以接受一个参数来设定开始的元素，用法如下：

```
for i in range(start,stop):
    循环体
```

i 会从 start 开始，依次取到 stop - 1 的数。比如从 1 开始，代码演示如下：

如果我不想从 0 开始呢？

这个 Python 的设计者也考虑到了，range() 函数还可以接受第三个参数，以设定间隔值。用法如下：

```
for i in range(start, stop, step):
    循环体
```

代码演示如下：

那我如果不想从 0 开始计数，也不想两个数之间间隔 1，而是希望从 1 开始计数，最大不超过 10，且两个数之间间隔 2 呢？

168

对于 range() 函数，有几个注意点需要说明：
1. 它表示的是左闭右开区间；
2. 它接受的参数必须是整数，可以是负数，但不能是浮点数等其他类型。

参数使用负数的例子：
for i in range(-10, -2, 2): # 从 -10 开始到 -2，不包含 -2，每次循环加 2
    print(i)

for i in range(10, 0, -1): # 从 10 开始到 0，不包含 0，每次循环减 1
    print(i)

无论是 for 循环还是 while 循环都可以被中断。还是拿之前小酷跑圈来打比方，我们加个设定，当小酷复制的汽水瓶是绿色的时候，他必须大喊一声"break"，循环跑圈运动即刻停止。

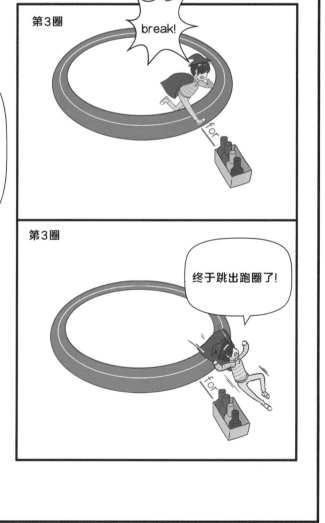

第3圈

break!

第3圈

终于跳出跑圈了!

这里需要用到 break 语句。当 e 取到 "绿色" 的时候，满足判断条件，执行 break 语句，程序结束当前循环。

那用代码该怎么写呢？

```
example09.py - D:/loop/example09.py (3.7.2)
File  Edit  Format  Run  Options  Window  Help
for e in ['蓝色', '红色', '绿色', '紫色']:
    print(e)
    if e == '绿色':
        break
```

```
Python 3.7.2 Shell
File  Edit  Shell  Debug  Options  Window  Help
Python 3.7.2 (tags/v3.7.2:9a3ffc0492, Dec 23 2018
v.1916 64 bit (AMD64)] on win32
Type "help", "copyright", "credits" or "license()"      orm
ation.
>>>
======================= RESTART: D:/loop/example09.py =
==========
蓝色
红色
绿色
>>>
```

break 语句可以用在 while 循环中吗？

```
example10.py - D:/loop/example10.py (3.7.2)
File  Edit  Format  Run  Options  Window  Help
drink_colors = ['蓝色', '红色', '绿色', '紫色']
i = 0
length = len(drink_colors)
while i < length:
    print(drink_colors[i])
    if drink_colors[i] == '绿色':
        break
    i += 1
```

```
Python 3.7.2 Shell
File  Edit  Shell  Debug  Options  Window  Help
Python 3.7.2 (tags/v3.7.2:9a3f            23:
09:28) [MSC v.1916 64 bit (AMD            fo
r more information.
>>>
======================= RESTART:            10.py
蓝色
红色
绿色
>>>
```

当然可以啊，我们用 while 循环重复实现上面那个功能。

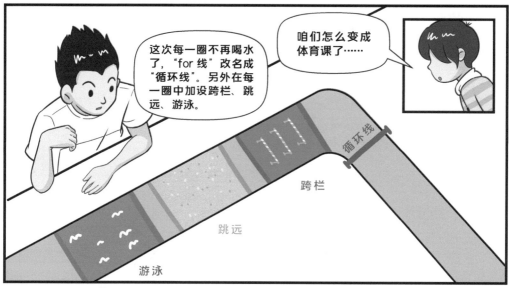

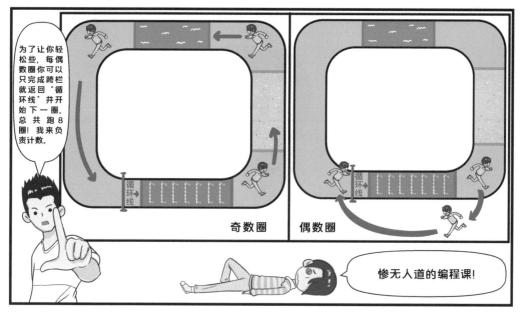

171

用程序该怎么做呢？

这就需要另一个用在循环中的关键字：continue。

它用来终止此次循环接下来的指令，进行下次循环。用代码模拟如下：

```
i = 1    # 记录跑的圈数
while i <= 8:    # 最多跑8圈
    print('第', i, '圈————————')
    print('跨栏')
    if i % 2 == 0:    # 偶数圈的情况下，当前循环continue后面的语句不再执行
        i += 1    # 偶数时让圈数加1
        continue
    print('跳远')
    print('游泳')
    i += 1    # 奇数时也要让圈数加1
```

当i是偶数时，这两行不执行

```
================ RESTART: D:\loop\example11.py
===================== 第 1 圈
跨栏
跳远
游泳
===================== 第 2 圈
跨栏
===================== 第 3 圈
跨栏
跳远
游泳
===================== 第 4 圈
跨栏
===================== 第 5 圈
跨栏
跳远
游泳
===================== 第 6 圈
跨栏
===================== 第 7 圈
跨栏
跳远
游泳
===================== 第 8 圈
跨栏
>>>
```

i是偶数时，从加粗红线位置结束本次循环；
i是奇数时，从加粗蓝线位置结束本次循环。

太坑人了！

累死我了！

你们倒是上了节编程课，害我上了节体育课。

函数的定义和调用

小奇，你最近的程序代码越来越长、越来越复杂了。

哈哈，很快我就可以成为一名职业程序员，开发真正的商业软件了。

是呀！

你知道我们经常使用的安卓手机，它的操作系统有多少行代码吗？

不知道。

大概有 1 亿行。如果写到纸上，摞起来能有 100 层楼那么高！

1 亿行！
我的天呐！
那岂不是把人写死了！

这么多代码，就需要一些方法把它们分成较小的部分进行组织，这样更容易编写，也更容易明白。

记住：所有复杂问题都是由一系列简单问题组成的！

我们的祖先很早就明白这个道理了，《易经》云：太极生两仪，两仪生四象，四象生八卦……

具体该咋办呢？

173

要把程序分成较小的部分，主要有 3 种方法：**函数**、**对象**和**模块**。

对象和模块我们后面讲，今天就先谈谈函数。

先谈对象吧！

我对这个比较感兴趣。

你想什么呢？

函数到底是个什么东西啊？

函数是一段可以反复执行的代码片段，我们可以将任何烦琐复杂的事情交给它。

有了它开发人员的工作就轻松多了。

函数可是非常重要的，不撒个善意的谎言，小酷这个懒虫估计不会上心。

太棒了!
以后可以轻松了,麻烦的事情都交给函数!

你这个家伙,就知道省事!

我还是有点儿不明白。

先来回答我个问题,你们喜不喜欢美食啊?

当然喜欢啦!

那喜不喜欢做饭炒菜呢?

不喜欢!

那如果你们想吃东西又嫌做饭麻烦,是不是会到饭店里解决问题?

是的!

我明白了,饭店帮我们做饭就相当于函数。

可算解决了我的大麻烦。

175

挺聪明的呀！有那么点儿意思啦！如果你嫌出去麻烦，还可以点外卖，那就更省事了。

如果用函数来解决吃饭问题，可以写两个函数，一个负责做饭，另一个负责送餐，顾客只用下单，等外卖送来以后就可以享用美食了。

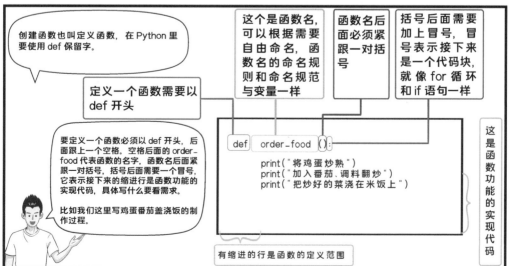

创建函数也叫定义函数，在 Python 里要使用 def 保留字。

定义一个函数需要以 def 开头

这个是函数名，可以根据需要自由命名，函数名的命名规则和命名规范与变量一样

函数名后面必须紧跟一对括号

括号后面需要加上冒号，冒号表示接下来是一个代码块，就像 for 循环和 if 语句一样

要定义一个函数必须以 def 开头，后面跟上一个空格。空格后面的 order_food 代表函数的名字，函数名后面紧跟一对括号，括号后面需要一个冒号，它表示接下来的缩进行是函数功能的实现代码，具体写什么要看需求。

比如我们这里写鸡蛋番茄盖浇饭的制作过程。

```
def order_food():
    print("将鸡蛋炒熟")
    print("加入番茄、调料翻炒")
    print("把炒好的菜浇在米饭上")
```

这是函数功能的实现代码

有缩进的行是函数的定义范围

177

定义（创建）函数的代码书写格式：

def 函数名（参数 1，参数 2，参数 3，……）：
　　函数实现代码

注：加红文字表示固定格式、不能改变，其他
的根据需要自由编写。请暂时忽略参数。

那如何调用
函数呢？

调用函数非常
简单，函数名
加一对括号就
行了，即
order_food()

有点儿坑啊，有种
"函数调用一直爽，
函数定义泪汪汪"
的感觉！

```
def order_food():
    print("将鸡蛋炒熟")
    print("加入番茄、调料翻炒")
    print("把炒好的菜浇在米饭上")
order_food()
order_food()
order_food()
order_food()
……
```

```
print("将鸡蛋炒熟")
print("加入番茄、调料翻炒")
print("把炒好的菜浇在米饭上")
print("将鸡蛋炒熟")
print("加入番茄、调料翻炒")
print("把炒好的菜浇在米饭上")
print("将鸡蛋炒熟")
print("加入番茄、调料翻炒")
print("把炒好的菜浇在米饭上")
print("将鸡蛋炒熟")
print("加入番茄、调料翻炒")
print("把炒好的菜浇在米饭上")
print("将鸡蛋炒熟")
print("加入番茄、调料翻炒")
print("把炒好的菜浇在米饭上")
print("将鸡蛋炒熟")
print("加入番茄、调料翻炒")
print("把炒好的菜浇在米饭上")
……
```

函数定义只用写一次，以后就
可以重复调用啦。所以函数还
是能大大节省代码的。

以后让小奇负责函数定义，我负责函数调用！

要记住调用函数就是运行函数里的代码，如果你们定义了一个函数，但是从来不调用它，这些代码就永远不会运行。另外，要保证函数定义代码必须放在函数调用代码之前。

以下程序对代码的执行顺序进行了标注。

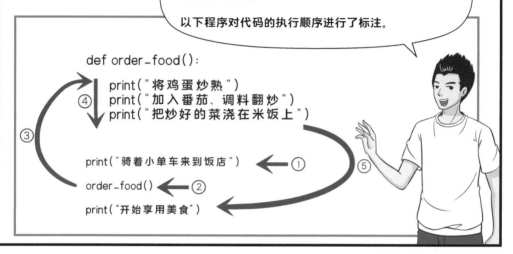

我们一般将函数定义之外的代码称为主程序，程序是从主程序的第一行代码开始执行的。当在主程序中调用函数时，代码会跳到函数定义里顺序执行函数里的每一行代码，当函数代码执行完后，程序会从离开主程序的那个位置继续执行。所以上面的代码执行结果是：

感觉当主程序调用函数时，程序的控制权就交给函数了，主程序就傻傻地等着，一直等到函数调用结束以后，控制权才又回到主程序的手中。

不错，正是这样。旁边是实际环境下的代码演示，看一看加深印象吧！

```
def order_food():
    print("将鸡蛋炒熟")
    print("加入番茄、调料翻炒")
    print("把炒好的菜浇在米饭上")

print("骑着小单车来到饭店")
order_food()
print("开始享用美食")
```

```
骑着小单车来到饭店
将鸡蛋炒熟
加入番茄、调料翻炒
把炒好的菜浇在米饭上
开始享用美食
>>>
```

181

接着!

参数

来吧!

如果想让一个函数每次运行都有不同的表现，可以给它传递**参数**。

在编程中，"参数"这个词是指你交给函数的一条信息，函数可以根据这条信息灵活反应。

来点儿实在的吧！先用这个所谓的参数解决我的吃饭问题！

没问题！比如这个盖浇饭，你喜欢辛辣口味的，就让厨师加辣椒，但如果有天你上火了不能吃辣的，就让厨师别放辣椒。

是否加辣椒就是调用者给函数的一个输入信息，order_food() 函数可以根据这个信息做出不同口味的盖浇饭。

来看代码：

```
def order_food(pepper):
    print("将鸡蛋炒熟")
    print("加入番茄、调料翻炒")
    if pepper:
        print("加入辣椒翻炒")

    print("把炒好的菜浇在米饭上")
```

将pepper参数传给函数

如果pepper参数的值为True,则if条件为真,执行加入辣椒翻炒的语句；否则什么也不做,相当于不加辣椒。

上面的代码中有一个代表是否加辣椒的参数，参数是有名字的，就像其他变量一样。

在这里我把这个变量命名为 pepper，数据类型为布尔类型，当 pepper 为 True 时代表让函数 order_food() 放辣椒，为 False 时不放辣椒。

order_food()

参数就是变量吗?

可以这样认为。但它们有个小小的区别,一般变量在定义时一定要给它赋值,但参数在函数定义时不用给它赋值,只有在调用函数时才给它赋值。

例如在 order_food() 函数运行时,变量 pepper 会填入函数调用者给它传入的值。

我都饿得等不及了,老狮你就说说怎么调用有参数的 order_food() 函数吧!

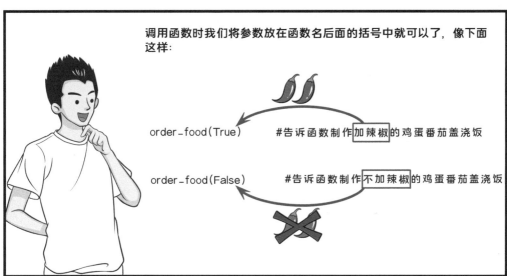

调用函数时我们将参数放在函数名后面的括号中就可以了,像下面这样:

order_food(True)   #告诉函数制作加辣椒的鸡蛋番茄盖浇饭

order_food(False)   #告诉函数制作不加辣椒的鸡蛋番茄盖浇饭

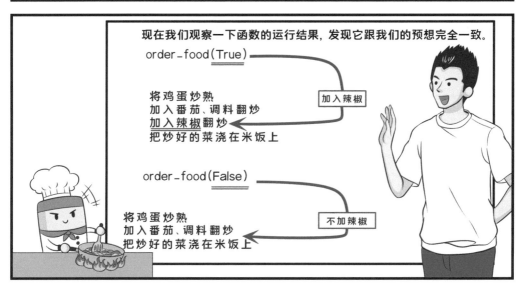

现在我们观察一下函数的运行结果,发现它跟我们的预想完全一致。

order_food(True)

将鸡蛋炒熟
加入番茄、调料翻炒
加入辣椒翻炒
把炒好的菜浇在米饭上

加入辣椒

order_food(False)

将鸡蛋炒熟
加入番茄、调料翻炒
把炒好的菜浇在米饭上

不加辣椒

好理解，对函数来说就是：

是否要辣椒你得告诉我一声。

总的来说，就是我们向函数传入什么值，函数中就会使用什么值。

```
def order_food(pepper):
    print("将鸡蛋炒熟")
    print("加入番茄、调料翻炒")
    if pepper:
        print("加入辣椒翻炒")

    print("把炒好的菜浇在米饭上")


order_food(True)
```

执行时和传入的值一致

函数调用时相当于执行了这条语句：

pepper = True

在实际环境下演示并执行代码：

example01.py - D:/function_parameter/example01.py (3.7.2)

File Edit Format Run Options Window Help

```
def order_food(pepper):
    print("将鸡蛋炒熟")
    print("加入番茄、调料翻炒")
    if pepper:
        print("加入辣椒翻炒")
        print("把炒好的菜浇在米饭上")


order_food(True)
```

Python 3.7.2 Shell

File Edit Shell Debug Options Window Help

```
将鸡蛋炒熟
加入番茄、调料翻炒
加入辣椒翻炒
把炒好的菜浇在米饭上
>>>
```

Ln: 8 Col: 9

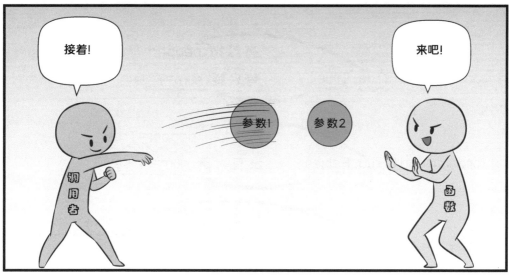

下面我们就看看代码该怎么写。

```
def order-food(pepper, ham):
    print("将鸡蛋炒熟")
    print("加入番茄、调料翻炒")
    if ham:
        print("加入火腿翻炒")
    if pepper:
        print("加入辣椒翻炒")
    print("把炒好的菜浇在米饭上")
```

在这里我又加了一个参数 ham，它也是布尔类型。如果它等于 True 就表示要加火腿，等于 False 就不加火腿。

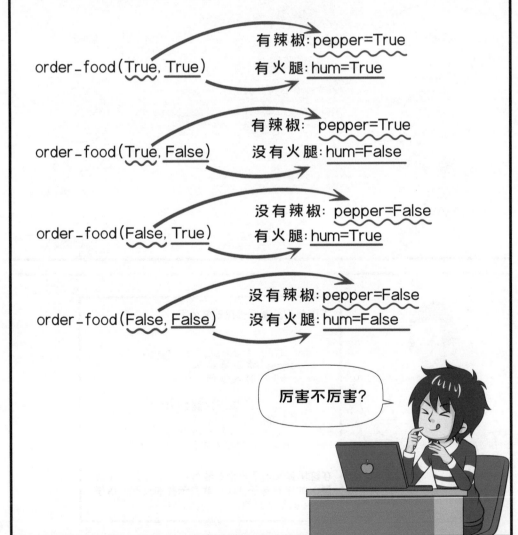

很不错!

大家要记住，多个参数之间要用逗号分隔，就像列表中的元素一样。

旁边是实际环境下的代码演示。

example02.py - D:/function_parameter/example02.py (3.7.2)

File Edit Format Run Options Window Help

```python
def order_food(pepper, ham):
    print("将鸡蛋炒熟")
    print("加入番茄、调料翻炒")
    if ham:
        print("加入火腿翻炒")
    if pepper:
        print("加入辣椒翻炒")
    print("把炒好的菜浇在米饭上")

order_food(True, True)
```

Python 3.7.2 Shell

File Edit Shell Debug Options Window Help

```
将鸡蛋炒熟
加入番茄、调料翻炒
加入火腿翻炒
加入辣椒翻炒
把炒好的菜浇在米饭上
>>>
```

Ln: 10 Col: 4

函数的参数想要多少个就可以有多少个。那我定义一个有 100 个参数的函数，调用起来岂不是很恐怖。

参数1　参数2　参数

参数3　参数

函数　太多了!　参数4

调用者　参数　参数

一般来说，参数超过 6 个以后，就应该考虑将参数打包放到列表里，然后把这个列表传递给函数。这样一来，就只用传递一个变量——列表变量，只不过这个列表变量包含一组值。这样可以让你的代码更易读！

小奇的质疑精神值得称赞，总是能发现一些普通人发现不了的问题。

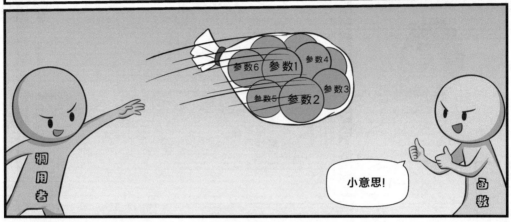

参数6　参数1　参数4
参数5　参数2　参数3

调用者

小意思！

函数

我还就不信难不倒老狮了。

我去饭店点鸡蛋番茄盖浇饭的时候，什么都不说，人家就知道不加辣椒和火腿，除非我说要加人家才会加。可我们这个 order_food() 函数像个傻瓜一样，即使不加辣椒或者火腿也得啰里啰唆地告诉它，多麻烦！

这也容易，给参数加上默认值就可以实现这个效果，直接上代码吧：

```
def order_food(pepper=False, ham=False) :
    print("将鸡蛋炒熟")
    print("加入番茄、调料翻炒")
    if ham:
        print("加入火腿翻炒")
    if pepper:
        print("加入辣椒翻炒")
    print("把炒好的菜浇在米饭上")
```

你看我调用order_food()函数的执行结果：

```
将鸡蛋炒熟
加入番茄、调料翻炒
把炒好的菜浇在米饭上
```

再调用order_food(False, False)，两个的执行结果一样吗？

```
将鸡蛋炒熟
加入番茄、调料翻炒
把炒好的菜浇在米饭上
```

189

默认值的应用有个规矩，它必须从右边写起，也就是说第一个默认值后面的参数都必须有默认值。

✓ def func(a, b=1, c=0)

✓ def func(a=0, b=1, c=0)

✓ def func(a, b, c=0)

✗ def func(a, b=1, c)

✗ def func(a=0, b, c)

✗ def func(a=0, b, c=0)

解释器

错的都进小黑屋!

如果想默认盖浇饭是不辣的，而火腿没有默认值，这也好办，将两个参数换个位置即可。

```python
def order_food(ham, pepper=False) :
    print("将鸡蛋炒熟")
    print("加入番茄、调料翻炒")
    if ham:
        print("加入火腿翻炒")
    if pepper:
        print("加入辣椒翻炒")
    print("把炒好的菜浇在米饭上")

order_food(True)
```

```
将鸡蛋炒熟
加入番茄、调料翻炒
加入火腿翻炒
把炒好的菜浇在米饭上
>>>
```

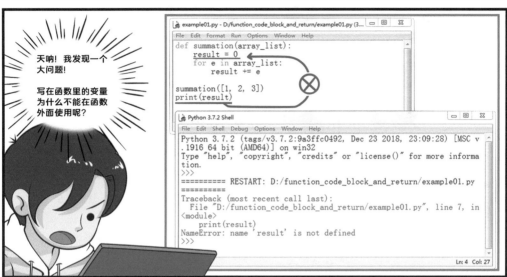

天呐！我发现一个大问题！

写在函数里的变量为什么不能在函数外面使用呢？

```
example01.py - D:/function_code_block_and_return/example01.py (3...
File  Edit  Format  Run  Options  Window  Help
def summation(array_list):
    result = 0
    for e in array_list:
        result += e

summation([1, 2, 3])
print(result)
```

```
Python 3.7.2 Shell
File  Edit  Shell  Debug  Options  Window  Help
Python 3.7.2 (tags/v3.7.2:9a3ffc0492, Dec 23 2018, 23:09:28) [MSC v
.1916 64 bit (AMD64)] on win32
Type "help", "copyright", "credits" or "license()" for more informa
tion.
>>>
=========== RESTART: D:/function_code_block_and_return/example01.py
==========
Traceback (most recent call last):
  File "D:/function_code_block_and_return/example01.py", line 7, in
<module>
    print(result)
NameError: name 'result' is not defined
>>>
                                                            Ln: 4  Col: 27
```

不要震惊，这是代码块的问题。

什么是代码块？

？？？

在 Python 中具有相同缩进的代码被自动视为一个代码块。之前在讲分支结构、循环结构以及定义函数的时候，我们就使用了有相同缩进的代码，其实隐含着创建了新的代码块。

缩进是指调整文本与页面边界之间的距离。

191

代码块会作为一个整体被执行，比如双分支语句：

```
age = int(input('请输入年龄：'))

if age < 18:
    print('代码块2开始')
    print('未成年人')
    print('代码块2结束')
else:
    print('代码块3开始')
    print('成年人')
    print('代码块3结束')
```

代码块2

代码块3

代码块1
包含两个
子代码块

当年龄小于 18 岁时，代码块 2 会作为一个整体被执行。
同理，当年龄大于 18 岁时，代码块 3 会作为一个整体被执行。

可是这些和我刚才的问题有什么关系呢？

不要急嘛！如果把代码块想象成一种特殊的盒子，那么每一个 Python 文件都可以想象成一个大的盒子，而文件中每一个函数内部缩进的代码块相当于大盒子中的小盒子。

```
def func1():
    ......
def func2():
    ......
def func3():
    ......
```

Python 文件可以被理解成大盒子。

函数内部的代码块可以被理解成大盒子中的小盒子。

在大盒子和小盒子中定义变量在所难免，Python 解释器对不同代码块中变量的访问做了个规定。

1. 大盒子不能访问小盒子内的变量。

2. 小盒子不能访问另一个小盒子内的变量。

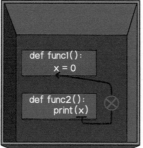

3. 小盒子可以访问大盒子里的变量。

还有一点需要注意，当在大盒子内与小盒子内创建同名变量时，小盒子内的变量会屏蔽大盒子内的变量。换句话说，在函数内对变量进行的修改不会影响函数外大盒子中的同名变量。

注意：这里是在函数内创建新的变量，而不是修改大盒子里的变量 x。该变量会屏蔽大盒子里的变量。

不受函数内的同名变量影响。

这是否意味着在函数内部无法修改函数外面变量的值呢？

不是的，在函数内部使用

global + 函数外变量的名称

相当于告诉解释器，在函数内部使用的变量是函数外的，再次赋值也就不会新创建一个变量了。来看代码：

```
example03.py - D:\function_code_block_and_return\example03.py (3.7.2)
File  Edit  Format  Run  Options  Window  Help
x = 100                        使用函数外的变量
def func():
    global x
    x = 1000                   修改函数外的变量
func()
print(x)
```

```
Python 3.7.2 Shell
File  Edit  Shell  Debug  Options  Window  Help
Python 3.7.2 (tags/v3.7.2:9a3ffc0492, Dec 23 2018, 2
v.1916 64 bit (AMD64)] on win32
Type "help", "copyright", "credits" or "license()" fo    orm
ation.
>>>
========== RESTART: D:\function_code_block_and_return\e   8.py
==========
1000
>>>
```

原来如此！那么我之前通过函数计算传入列表中所有元素之和的结果是不是可以通过这种形式在函数外部获取呢？

```
example04.py - D:\function_code_block_and_return\example04.py (3.7.2)
File  Edit  Format  Run  Options  Window  Help
result = 0      #  用于和函数内部变量建立关系

def summation(array_list):
    global result    # 表明使用函数外部的变量result
    for e in array_list:
        result += e

summation([1, 2, 3])
print(result)
```

```
Python 3.7.2 Shell
File  Edit  Shell  Debug  Options  Window  Help
6
>>>
```

如果我想获得函数内部的多个值呢？

return 语句后面可以加多个返回值，它们会被打包成元组后传给接收变量。

下面的代码是实际环境下的演示。

一个函数如果没有 return 或者只写了 return 却没有返回值，那么都相当于默认返回了 None，即 return None。

None 是 NoneType 类型的唯一值，换句话说 NoneType 类型的变量只有一个值：None。
我们可以将 None 赋值给任何变量，表示什么都没有。初学者只要知道有这样一个东西就行。

关于返回值还有一个关键点要告诉大家，一旦程序执行了 return 语句，函数后面尚未执行的代码就不会再执行了。

```
example07.py - D:/function_code_block_and_return/example07.py (3.7.2)
File  Edit  Format  Run  Options  Window  Help
def func():
    print('return之前')
    return                    →  相当于return None
    print('return之后')        →  位于return 之后, 不会执行

r = func()
print(r)
```

```
Python 3.7.2 Shell
File  Edit  Shell  Debug  Options  Window  Help
Python 3.7.2 (tags/v3.7.2:9a3ffc0      Dec 2
(AMD64)] on win32
Type "help", "copyright", "credits" or
>>>
========== RESTART: D:/function_code_block_and_retu
return之前
None
>>>
```

老狮上面加红加粗的这句话仅适用于现阶段还没有异常处理参与的情况。

面向对象 类和对象

物理——量子力学　　数学——微积分

任何一门学问，总有那么几个概念被妖魔化。

编程语言家族的老妖们

编程语言的每一个概念都是真正的老妖，完全没有必要去妖魔化。

老狮，你今天又要介绍哪个老妖怪啊？

小酷这个小伙儿，居然猜到我要干什么。

小酷，还记得你一直念叨的面向对象吗？

今天终于要谈对象了吗？

199

我们之前使用过的一些具体的东西都是对象，下面是一些例子。

具体的整数：100，-10，40，……

具体的字符串：'hello'，'python'，'狮范客'，……

具体的列表：[1,2]，[1,2,3,4],[6,7,8,9],……

你专门强调了具体，难道还有抽象吗？

没错！
对象都是具体的事物。但具体的事物一多，就需要对它们进行归类，而拥有某些相同特征的事物就会归为一个类型，这个类型就是抽象的概念。

比如 1、2、3 都是数字且没有小数点，我们就可以抽象出整数类型。

我们可以通过 type() 函数查看之前使用过的对象的类型。

小酷你能不能用自己的语言来说说你对类和对象的理解？

```
example01.py - D:/oop_class_and_object/example01.py (3.7.2)
File Edit Format Run Options Window Help
print(type(1))
print(type(-3.14))
print(type(True))
print(type(None))
print(type('hello'))
print(type([1, 2, 3]))
print(type((1, 2, 3)))
print(type({1, 2, 3}))
print(type({'x': 10, 'y': 20}))
```

```
Python 3.7.2 Shell
File Edit Shell Debug Op
Python 3.7.2 (t
) [MSC v.1916 6
Type "help", "c
information.
>>>
============= py ============
<class 'int'>
<class 'float'>
<class 'bool'>
<class 'NoneType'>
<class 'str'>
<class 'list'>
<class 'tuple'>
<class 'set'>
<class 'dict'>
>>>
```

简单，如果说猫是一种类型，那么我家养的猫"小奇"和小范家养的猫"小黑"就是对象。

类型	对象
猫	小奇 小黑

可恶，你家猫居然和我叫同一个名字，你是不是故意的！

面向对象中有两个核心概念，一个是类型（简称类），另一个是对象（又称实例）。对象的抽象是类，类的具体化就是对象。

$$类 \xrightleftharpoons[\text{抽象}]{\text{具体}} 对象$$

搞出类和对象这两个概念有什么意义？

先来说类吧，这里有个表格，它罗列了我们之前课程讲过的 Python 中内置的数据类型以及该类型的部分对象。

类型	类型名称	对象
整数	int	-1, 1, 2, 100
浮点数	float	3.14, 10.0, -2.5
None类型	NoneType	None
布尔值	bool	True, False
字符串	str	'hello python', 'good'
列表	list	[1, 2, 3], ['age', 'height', 'gender']
元组	tuple	(1, 2, 3)
集合	set	{1, 2, 3}
字典	dict	{'x': 10, 'y': 1000}

第二列是这些类型在 Python 中的表示形式。
第三列则是这些类型具体参与工作时的个体，其实就是对象。

然而这些内置类型不足以应对复杂的软件项目，能够自定义类型的需求呼之欲出，类应运而生。

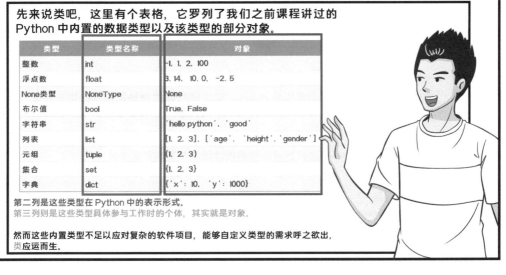

201

那对象呢？

和现实世界一样，抽象的概念并不能干活，只能依赖具体的事物。打个比方，类就像汽车的设计图纸，对象就像在大街上跑着承担交通运输任务的车辆。面向对象语言的世界也是这样，真正干活的是对象。

类

设计图纸

对象

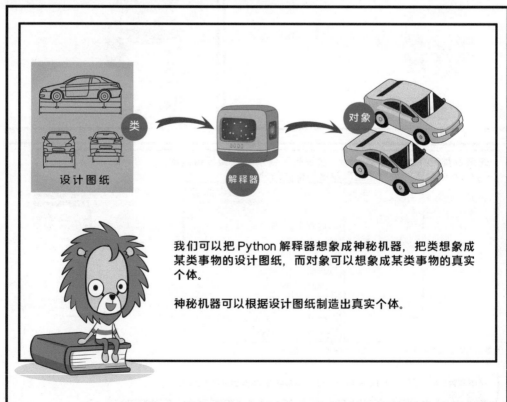

设计图纸

类

解释器

对象

我们可以把 Python 解释器想象成神秘机器，把类想象成某类事物的设计图纸，而对象可以想象成某类事物的真实个体。

神秘机器可以根据设计图纸制造出真实个体。

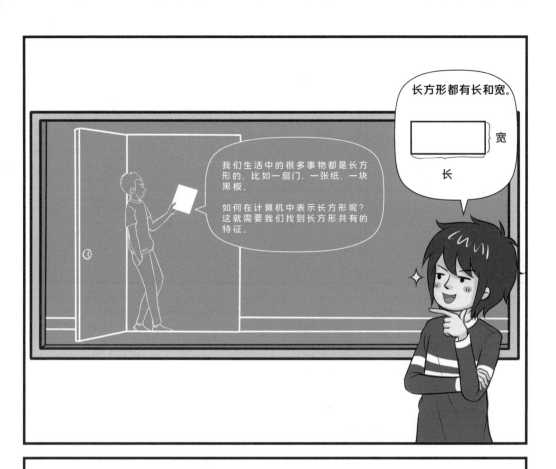

长方形都有长和宽。

宽

长

我们生活中的很多事物都是长方形的，比如一扇门、一张纸、一块黑板。

如何在计算机中表示长方形呢？这就需要我们找到长方形共有的特征。

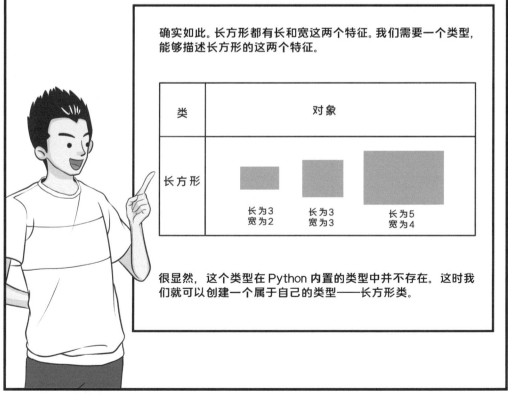

确实如此。长方形都有长和宽这两个特征。我们需要一个类型，能够描述长方形的这两个特征。

类	对象		
长方形	长为3 宽为2	长为3 宽为3	长为5 宽为4

很显然，这个类型在 Python 内置的类型中并不存在。这时我们就可以创建一个属于自己的类型——长方形类。

接下来该怎么做呢？

我们需要考虑这个类型在 Python 中用什么名称表示，就像整型在 Python 中用 int 表示，字符串用 str 表示一样。这里就用 Rectangle 表示吧。把它写成下面的形式：

类名	Rectangle

类名遵循大驼峰命名法，所谓大驼峰命名法是指混合使用大小写的名字。当类的名字由一个或多个单词连在一起组成唯一的名称时，每个单词的首字母都采用大写字母。这样可以增加程序的可读性。

接下来该怎么办呢？

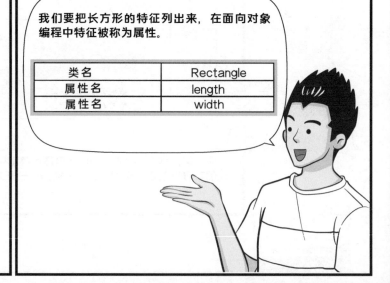

我们要把长方形的特征列出来，在面向对象编程中特征被称为属性。

类名	Rectangle
属性名	length
属性名	width

类名	Rectangle
属性名	length
属性名	width
行为特征	area
行为特征	perimeter

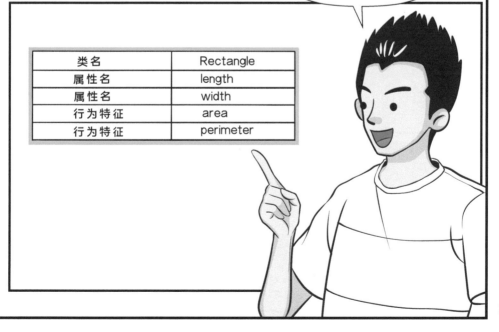

之后我们要做的就是分 3 步把这个表格翻译成 Python 语言。
先来说第一步：声明类的名称，也就是把表的第一行翻译成 Python 语言。

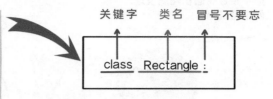

类名	Rectangle
属性名	length
属性名	width
行为特征	area
行为特征	perimeter

关键字　类名　冒号不要忘

```
class  Rectangle :
```

类名可以替换成你想要的单词，后面的冒号不要忘写。
再来看第二步：声明属性，即把表中的属性翻译成代码。
注意，属性必须有个默认值，这里我们设置成 0。

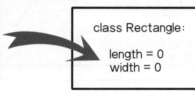

类名	Rectangle
属性名	length
属性名	width
行为特征	area
行为特征	perimeter

```
class Rectangle:

    length = 0
    width = 0
```

如果不考虑行为特征，我们已经创建了一个类，并
且可以用它创建对象了。

该怎么创建对象呢？

创建对象的语法如下：

类名（）

创建对象又称实例化对象。

创建长方形的类和对象，代
码如下：

```
class Rectangle:
    length = 0
    width = 0

print(Rectangle())
```

```
Python 3.7.2 (tags/v3.7.2:9a3ffc0492, Dec 23 2018, 23:09:28) [
MSC v.1916 64 bit (AMD64)] on win32
Type "help", "copyright", "credits" or "license()" for more in
formation.
>>>
================ RESTART: D:/oop_class_and_object/example02.py
================
<__main__.Rectangle object at 0x0000000002B3B208>
>>>
```

这里显示的信息包含对象的类型，
以及对象在内存中的地址。

为了方便使用，我们往往将创建出的对象复制给一个变量：

rect = Rectangle()

然后使用 变量名.属性 来访问属性的值，并通过 变量名.属性 = 值 来修改属性的值。

一起来看看完整的代码演示：

对! 不过我们往往将运算整理成一个函数:

→ 用于接收长方形对象

```
def area(rect):
    return rect.length * rect.width
```

这样每次调用这个函数就可以计算长方形对象的面积了。旁边是完整的代码演示。

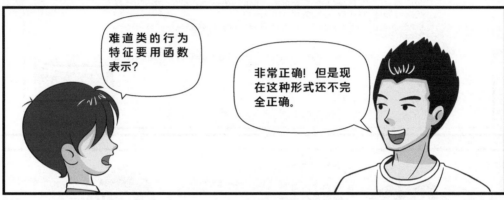

难道类的行为特征要用函数表示?

非常正确! 但是现在这种形式还不完全正确。

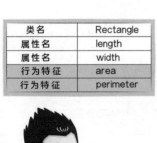

类名	Rectangle
属性名	length
属性名	width
行为特征	area
行为特征	perimeter

```
class Rectangle:
    length = 0
    width = 0

    def area(rect):
        return rect.length * rect.width

    def perimeter(rect):
        return 2 * (rect.length + rect.width)
```

正如属性写在类中一样,表示行为特征的函数也要写在类中,常被称为方法。这正是我们把之前的表格翻译成 Python 语言的第三步。

那我们该怎么调用写在类中的方法呢？

这与访问对象的属性差不多，看代码就明白了。

```
example05.py - D:\oop_class_and_object\example05.py (3.7.2)
File  Edit  Format  Run  Options  Window  Help
class Rectangle:
    length = 0
    width = 0

    def area(rect):
        return rect.length * rect.width

    def perimeter(rect):
        return 2 * (rect.length + rect.width)

rect = Rectangle()
rect.length = 3
rect.width = 2
print(rect.area())
print(rect.perimeter())
```

```
Python 3.7.2 Shell
File  Edit  Shell  Debug  Options  Window  Help
Python 3.7.2 (tags/v3.7.2:9a3ffc0492, Dec 23 2018
MSC v.1916 64 bit (AMD64)] on win32
Type "help", "copyright", "credits" or "license" fo
formation.
>>>
============== RESTART: D:\oop_class_and_object\example05.py
==============
6
10
>>>
```

咦？这也太奇怪了，为什么这个方法调用没有传参数呢？

这里 Python 解释器会把调用方法的对象自动传给方法的第一个参数。

rect.area() ——————→ area(rect)

rect.perimeter() ——————→ perimeter(rect)

由于通过对象调用方法，解释器会将调用的对象自动传给第一个参数，因此在类中写的方法通常至少有一个参数。对象调用方法时会将自己传给第一个参数，所以第一个参数的名字习惯上用 self。上面的代码可以被改写成如下所示：

```
example06.py - D:\oop_class_and_object\example06.py (3.7.2)
File  Edit  Format  Run  Options  Window  Help
class Rectangle:

    length = 0
    width = 0

    def area(self):
        return self.length * self.width

    def perimeter(self):
        return 2 * (self.length + self.width)


                                                        Ln: 12  Col: 0
```

面向对象 魔法方法

每次创建完对象才能改属性，这也太啰唆了，能不能在创建对象的时候就修改属性的值呢？

哎呀，小奇这个托儿又开始表演了。

当然可以了，前提是你要学会魔法方法。

啥是魔法方法？

魔法方法是写在类中的一种特殊方法，它们的方法名以双下划线开头，并以双下划线结尾。

格式如下：

__xxx__

另外，魔法方法的名字是固定的。一般情况下，我们不需要通过明显的方式调用它们，但是它们会在特定阶段自动执行。

魔法方法有很多，初学阶段掌握其中的两个就行：
__init__()
__str__()

能够解决我问题的是哪个方法？

是 __init__() 方法，它可以让我们在创建对象后初始化对象，常用来修改属性的值。

没有__init__()方法	有__init__()方法
创建对象	创建对象
↓	↓
使用对象	初始化对象
	↓
	使用对象

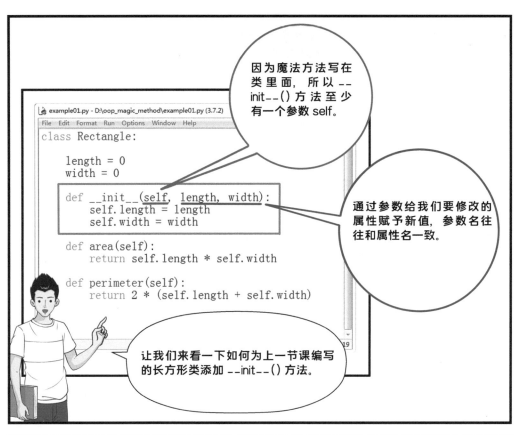

因为魔法方法写在类里面，所以 __init__() 方法至少有一个参数 self。

通过参数给我们要修改的属性赋予新值，参数名往往和属性名一致。

让我们来看一下如何为上一节课编写的长方形类添加 __init__() 方法。

当创建对象时，__init__() 方法被自动调用，4和3会分别传给参数length和width。

当看到 rect = Rectangle(4, 3)时，大家可以把这一行代码的工作理解成分两步完成：

rect = Rectangle(4, 3) ⟹ rect = Retcangle()
                                     rect.__init__(4, 3)

这一步是解释器自动调用的。

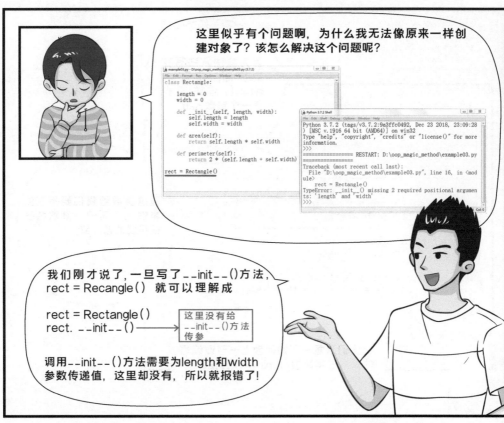

这里似乎有个问题啊，为什么我无法像原来一样创建对象了？该怎么解决这个问题呢？

```
class Rectangle:

    length = 0
    width = 0

    def __init__(self, length, width):
        self.length = length
        self.width = width

    def area(self):
        return self.length * self.width

    def perimeter(self):
        return 2 * (self.length + self.width)

rect = Rectangle()
```

```
Python 3.7.2 (tags/v3.7.2:9a3ffc0492, Dec 23 2018, 23:09:28
) [MSC v.1916 64 bit (AMD64)] on win32
Type "help", "copyright", "credits" or "license()" for more
information.
>>>
================ RESTART: D:\oop_magic_method\example03.py
================
Traceback (most recent call last):
  File "D:\oop_magic_method\example03.py", line 16, in <mod
ule>
    rect = Rectangle()
TypeError: __init__() missing 2 required positional argumen
ts: 'length' and 'width'
>>>
```

我们刚才说了，一旦写了__init__()方法，rect = Recangle() 就可以理解成

rect = Rectangle()
rect. __init__() ⟶ 这里没有给 __init__()方法 传参

调用__init__()方法需要为length和width参数传递值，这里却没有，所以就报错了！

记得在函数参数那节课中讲过的参数默认值吗？

不记得了！

小酷这家伙真是不让我省心啊！

```
length = 0
width = 0

def __init__(self, length=0, width=0):
    self.length = length
    self.width = width

def area(self):
    return self.length * self.width

def perimeter(self):
    return 2 * (self.length + self.width)

rect = Rectangle()
print(rect)
```

Python 3.7.2 Shell
Python 3.7.2 (tags/v3.7.2:9a3ffc0492, Dec 23 2018, 23:09:28) [MSC v.1916 64 bit (AMD64)] on win32
Type "help", "copyright", "credits" or "license()" for more information.
>>>
================= RESTART: D:\oop_magic_method\example04.py =================
<__main__.Rectangle object at 0x0000000002B2EDA0>
>>>

只要给 --init--() 方法的其他
参数设置默认值即可。

虽然不再报错了，但打印的这个东
西不仅难看，用处也不大呀!

有没有办法在打印对象的时候显示
一些有用的信息呢?

当然有了，这就是我
们要说的 --str--()
方法。

小奇不愧是老狮的
金牌托儿!

与老狮一唱一和!

```
class Rectangle:

    length = 0
    width = 0

    def __init__(self, length=0, width=0):
        self.length = length
        self.width = width

    def area(self):
        return self.length * self.width

    def perimeter(self):
        return 2 * (self.length + self.width)

    def __str__(self):
        return '长方形的长是' + str(self.length)  + ',宽是'  + str(self.width)

rect = Rectangle()
print(rect)
```

```
Python 3.7.2 Shell
File  Edit  Shell  Debug  Options  Window  Help
Python 3.7.2 (tags/v3.7.2:9a3ffc0492, Dec 23 2018, 23:09:28
) [MSC v.1916 64 bit (AMD64)] on win32
Type "help", "copyright", "credits" or "license()" for more
information.
>>>
================ RESTART: D:\oop_magic_method\example05.py
================
长方形的长是0,宽是0
>>>
```

--str--() 方法只有一个 self 参数,用于接受调用它的对象本身。这个方法要求我们返回一个字符串。
这个字符串的信息一般要能够把对象的信息组织起来。当我们要打印对象的时候,显示的就是这个字符串。

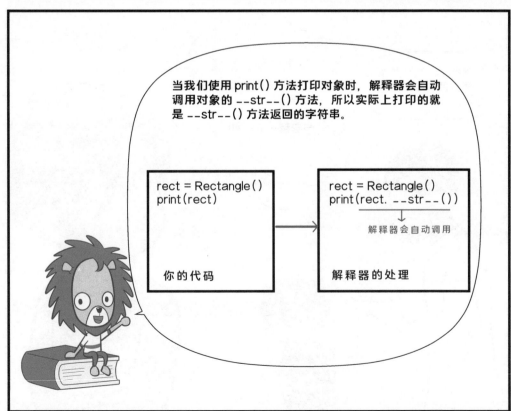

当我们使用 print() 方法打印对象时,解释器会自动调用对象的 --str--() 方法,所以实际上打印的就是 --str--() 方法返回的字符串。

```
rect = Rectangle()
print(rect)
```

你的代码

```
rect = Rectangle()
print(rect. --str--())
```

↓
解释器会自动调用

解释器的处理

大家说的没错!

那么如果你们负责产品图纸的设计，是不是要考虑哪些按钮要暴露给客户，哪些则需要被隐藏起来?

我们之前学习的类与产品的设计图纸类似，也可以指明它的哪些内部信息需要隐藏，哪些需要暴露出来。

那是理所应当的!

这里所谓的隐藏和暴露都是针对对象的使用者来说的。

默认情况下类的属性和方法都是暴露出来的，换句话说，就是开发人员可以通过对象访问属性和方法。以访问属性为例，看旁边的代码。

```
example01.py - D:/oop_data_hiding/example01.py (3.7.2)
File  Edit  Format  Run  Options  Window  Help
class Car:
    color = 'White'        # 汽车颜色
    engine_model = 'CA6102'    # 发动机型号

car = Car()
print(car.color)
print(car.engine_model)    } 通过对象访问属性
```

```
Python 3.7.2 Shell
File  Edit  Shell  Debug  Options  Window  Help
Python 3.7.2 (tags/v3.7.2:9a3ffc0492, Dec 23 2018, 23:09:28
) [MSC v.1916 64 bit (AMD64)] on win32
Type "help", "copyright", "credits" or "license()" for more
information.
>>>
================ RESTART: D:/oop_data_hiding/example01.py
================
White
CA6102
>>>
                                                        Ln: 7  Col: 4
```

假如我们不想让某些属性或方法被对象的使用者访问，那么可以在类中将这些属性或方法的名称前面加上双下划线，此时解释器将禁止类以外的代码访问对象的这些属性或方法。名字前加双下划线的属性和方法分别称为私有属性和私有方法。还是以访问属性为例，来看代码：

面向对象 继承

218

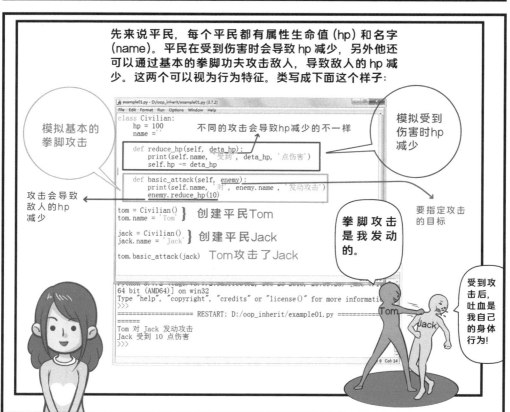

219

法师的属性也有生命值和名字，不过多出一个魔法值。他的行为特征有受到伤害、基本攻击，这和平民一样，不过增加了魔法攻击。代码是这个样子的：

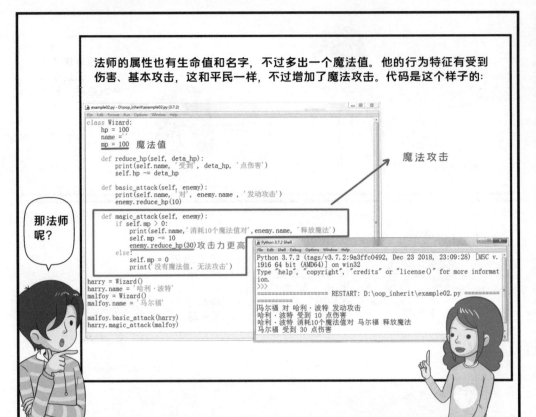

那法师呢？

魔法攻击

```
class Wizard:
    hp = 100
    name = ''
    mp = 100    魔法值

    def reduce_hp(self, deta_hp):
        print(self.name, '受到', deta_hp, '点伤害')
        self.hp -= deta_hp

    def basic_attack(self, enemy):
        print(self.name, '对', enemy.name, '发动攻击')
        enemy.reduce_hp(10)

    def magic_attack(self, enemy):
        if self.mp > 0:
            print(self.name, '消耗10个魔法值对', enemy.name, '释放魔法')
            self.mp -= 10
            enemy.reduce_hp(30)    攻击力更高
        else:
            self.mp = 0
            print('没有魔法值，无法攻击')

harry = Wizard()
harry.name = '哈利·波特'
malfoy = Wizard()
malfoy.name = '马尔福'

malfoy.basic_attack(harry)
harry.magic_attack(malfoy)
```

```
Python 3.7.2 (tags/v3.7.2:9a3ffc0492, Dec 23 2018, 23:09:28) [MSC v.
1916 64 bit (AMD64)] on win32
Type "help", "copyright", "credits" or "license()" for more informat
ion.
>>>
=================== RESTART: D:\oop_inherit\example02.py ==========
=========
马尔福 对 哈利·波特 发动攻击
哈利·波特 受到 10 点伤害
哈利·波特 消耗10个魔法值对 马尔福 释放魔法
马尔福 受到 30 点伤害
```

至于战士嘛，hp 和名字也是必要的。基本攻击和被伤害这两个行为特征还是要有的，但是基本攻击完成后会加上挑衅的语句。另外，还要加上剑技这个行为特征。旁边是我的代码。

额外的挑衅

剑技

```
class Warrior:
    hp = 100
    name = ''

    def reduce_hp(self, deta_hp):
        print(self.name, '受到', deta_hp, '点伤害')
        self.hp -= deta_hp

    def basic_attack(self, enemy):
        print(self.name, '对', enemy.name, '发动攻击')
        enemy.reduce_hp(10)
        print('挑衅:你太弱小了，根本不配和我战斗！')

    def sword_attack(self, enemy):
        print(self.name, '对', enemy.name, '使用华丽剑技')
        enemy.reduce_hp(20)

achilles = Warrior()
achilles.name = '阿喀琉斯'
heracles = Warrior()
heracles.name = '赫拉克勒斯'

achilles.basic_attack(heracles)
heracles.sword_attack(achilles)
```

```
Python 3.7.2 (tags/v3.7.2:9a3ffc0492, Dec 23 2018, 23:09:28
) [MSC v.1916 64 bit (AMD64)] on win32
Type "help", "copyright", "credits" or "license()" for more
information.
>>>
==================== RESTART: D:\oop_inherit\example03.py =
====================
阿喀琉斯 对 赫拉克勒斯 发动攻击
赫拉克勒斯 受到 10 点伤害
挑衅:你太弱小了，根本不配和我战斗！
赫拉克勒斯 对 阿喀琉斯 使用华丽剑技
阿喀琉斯 受到 20 点伤害
>>>
```

```python
class Civilian:
    hp = 100
    name =''

    def reduce_hp(self, deta_hp):
        print(self.name, '受到', deta_hp, '点伤害')
        self.hp -= deta_hp

    def basic_attack(self, enemy):
        print(self.name, '对', enemy.name , '发动攻击')
        enemy.reduce_hp(10)

class Wizard:
    hp = 100
    name =''
    mp = 100

    def reduce_hp(self, deta_hp):
        print(self.name, '受到', deta_hp, '点伤害')
        self.hp -= deta_hp

    def basic_attack(self, enemy):
        print(self.name, '对', enemy.name , '发动攻击')
        enemy.reduce_hp(10)

    def magic_attack(self, enemy):
        if self.mp > 0:
            print(self.name,'消耗10个魔法值对', enemy.name, '释放魔法')
            self.mp -= 10
            enemy.reduce_hp(30)
        else:
            self.mp = 0
            print('没有魔法值, 无法攻击')

class Warrior:
    hp = 100
    name =''

    def reduce_hp(self, deta_hp):
        print(self.name, '受到', deta_hp, '点伤害')
        self.hp -= deta_hp

    def basic_attack(self, enemy):
        print(self.name, '对', enemy.name , '发动攻击')
        enemy.reduce_hp(10)
        print('挑衅:你太弱小了, 根本不配和我战斗!')

    def sword_attack(self, enemy):
        print(self.name,'对', enemy.name, '使用华丽剑技')
        enemy.reduce_hp(20)
```

这个思路是没有问题的, 不过你们有没有发现, 这样写代码中充斥着大量重复的代码。

红蓝框框起来的代码重复出现在 3 个类中。

确实如此!

那怎么解决这个问题呢?

使用面向对象中的继承特性就可以解决这个问题。

什么是继承啊?

所谓继承是指某些类可以从其他类继承属性和方法。

完全不明白……

基础

```
class Civilian:
    hp = 100
    name =''

    def reduce_hp(self, deta_hp):
        print(self.name, '受到', deta_hp, '点伤害')
        self.hp -= deta_hp

    def basic_attack(self, enemy):
        print(self.name, '对', enemy.name , '发动攻击')
        enemy.reduce_hp(10)
```

扩
展

添加新的属性

添加新的方法

```
class Wizard:
    hp = 100
    name =''
    mp = 100

    def reduce_hp(self, deta_hp):
        print(self.name, '受到', deta_hp, '点伤害')
        self.hp -= deta_hp

    def basic_attack(self, enemy):
        print(self.name, '对', enemy.name , '发动攻击')
        enemy.reduce_hp(10)

    def magic_attack(self, enemy):
        if self.mp > 0:
            print(self.name,'消耗10个魔法值对',enemy.name, '释放魔法')
            self.mp -= 10
            enemy.reduce_hp(30)
        else:
            self.mp = 0
            print('没有魔法值，无法攻击')
```

大家仔细观察就会发现，小范写的3个类中平民类是最基础的，战士类和法师类都可以看成是在平民类的基础上添加、修改出来的。

改进了方法

```
class Warrior:
    hp = 100
    name =''

    def reduce_hp(self, deta_hp):
        print(self.name, '受到', deta_hp, '点伤害')
        self.hp -= deta_hp

    def basic_attack(self, enemy):
        print(self.name, '对', enemy.name , '发动攻击')
        enemy.reduce_hp(10)
        print('挑衅:你太弱小了，根本不配和我战斗!')

    def sword_attack(self,enemy):
        print(self.name,'对',enemy.name, '使用华丽剑技')
        enemy.reduce_hp(20)
```

添加新的方法

比如，法师类是在平民类的基础上增加了魔法值这个属性以及魔法攻击这个行为；战士类是在平民类的基础上添加了剑技这个行为，另外改进了平民的普通攻击。

由于平民类是基础，因此保留不变，而法师类和战士类则要进行改造。先来改造法师类。

第一步：标明法师类是在平民类的基础上扩展出来的，意味着平民类有的属性和方法在法师类都有，重复的代码就不写出来了。

第二步：只保留法师特有的属性和行为。

example04.py - D:\oop_inherit\example04.py (3.7.2)

File Edit Format Run Options Window Help

```
class Civilian:
    hp = 100
    name =''

    def reduce_hp(self, deta_hp):
        print(self.name, '受到', deta_hp, '点伤害')
        self.hp -= deta_hp

    def basic_attack(self, enemy):
        print(self.name, '对', enemy.name , '发动攻击')
        enemy.reduce_hp(10)

class Wizard(Civilian):
    mp = 100

    def magic_attack(self, enemy):
        if self.mp > 0:
            print(self.name,'消耗10个魔法值对', enemy.name, '释放魔法')
            self.mp -= 10
            enemy.reduce_hp(30)
        else:
            self.mp = 0
            print('没有魔法值，无法攻击')

harry = Wizard()
harry.name = '哈利·波特'
malfoy = Wizard()
malfoy.name = '马尔福'

malfoy.basic_attack(harry)
harry.magic_attack(malfoy)
```

父类：可以派生出子类。

子类：继承于父类。

可以使用继承自父类的方法

Python 3.7.2 Shell

File Edit Shell Debug Options Window Help

```
马尔福 对 哈利·波特 发动攻击
哈利·波特 受到 10 点伤害
哈利·波特 消耗10个魔法值对 马尔福 释放魔法
马尔福 受到 30 点伤害
>>>
```

平民类被视为法师类的父类（或基类），而法师类被视为平民类的子类。

同样，可以以平民类为基础扩展出战士类，所以平民类也是战士类的父类。
战士类没有增加属性，但它增加了一个行为特征——剑技。另外有一个地方需要我
们注意，那就是战士的基本攻击比平民多了挑衅这件事。

子类的方法和父类的方法同名，被称为方法重写。

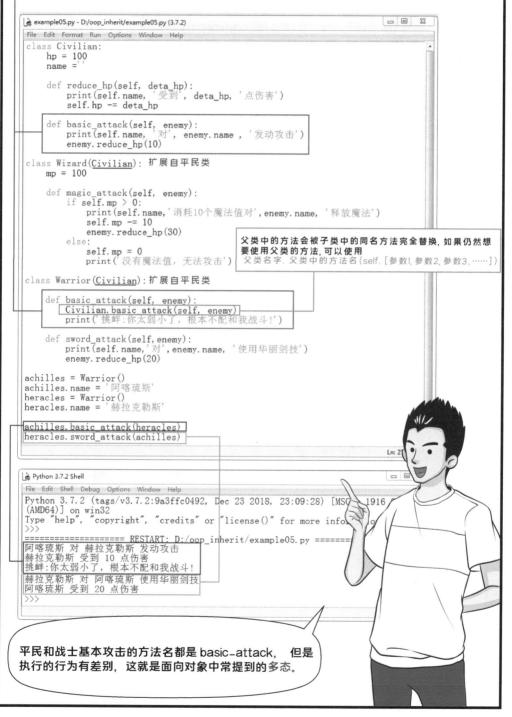

```
class Civilian:
    hp = 100
    name = ''

    def reduce_hp(self, deta_hp):
        print(self.name, '受到', deta_hp, '点伤害')
        self.hp -= deta_hp

    def basic_attack(self, enemy):
        print(self.name, '对', enemy.name , '发动攻击')
        enemy.reduce_hp(10)

class Wizard(Civilian): 扩展自平民类
    mp = 100

    def magic_attack(self, enemy):
        if self.mp > 0:
            print(self.name,'消耗10个魔法值对',enemy.name, '释放魔法')
            self.mp -= 10
            enemy.reduce_hp(30)
        else:
            self.mp = 0
            print('没有魔法值，无法攻击')

class Warrior(Civilian): 扩展自平民类

    def basic_attack(self, enemy):
        Civilian.basic_attack(self, enemy)
        print('挑衅:你太弱小了，根本不配和我战斗!')

    def sword_attack(self, enemy):
        print(self.name, '对', enemy.name, '使用华丽剑技')
        enemy.reduce_hp(20)

achilles = Warrior()
achilles.name = '阿喀琉斯'
heracles = Warrior()
heracles.name = '赫拉克勒斯'

achilles.basic_attack(heracles)
heracles.sword_attack(achilles)
```

父类中的方法会被子类中的同名方法完全替换，如果仍然想
要使用父类的方法，可以使用
父类名字.父类中的方法名(self.[参数1,参数2,参数3,……])

```
Python 3.7.2 (tags/v3.7.2:9a3ffc0492, Dec 23 2018, 23:09:28) [MSC ... 1916 ...
(AMD64)] on win32
Type "help", "copyright", "credits" or "license()" for more info ...
>>>
==================== RESTART: D:/oop_inherit/example05.py =======
阿喀琉斯 对 赫拉克勒斯 发动攻击
赫拉克勒斯 受到 10 点伤害
挑衅:你太弱小了，根本不配和我战斗!
赫拉克勒斯 对 阿喀琉斯 使用华丽剑技
阿喀琉斯 受到 20 点伤害
>>>
```

平民和战士基本攻击的方法名都是 basic-attack，但是
执行的行为有差别，这就是面向对象中常提到的多态。

其实调用父类的方法有 3 种。

方法 1:
父类名字 . 父类的方法名 (self, [参数 1, 参数 2, 参数 3,……])
例子: Civilian.basic_attack(self, enemy)

方法 2:
super(). 父类的方法名 ([参数 1, 参数 2, 参数 3,……])
例子: super().basic_attack(enemy)

方法 3:
super(当前类的名字 , self). 父类的方法名 ([参数 1, 参数 2, 参数 3,……])
例子: super(Warrior, self).basic_attack(enemy)

初学者只要先把第一种用熟练就可以,没必要一口吃成个胖子。

我想让平民实例化的时候就可以修改 name 属性,是不是这样写:

```
example06.py - D:\oop_inherit\example06.py (3.7.2)
File  Edit  Format  Run  Options  Window  Help
class Civilian:
    hp = 100
    name =''

    def __init__(self, name):
        self.name = name

    def reduce_hp(self, deta_hp):
        print(self.name, '受到', deta_hp, '点伤害')
        self.hp -= deta_hp

    def basic_attack(self, enemy):
        print(self.name, '对', enemy.name , '发动攻击')
        enemy.reduce_hp(10)

class Wizard(Civilian):
    mp = 100

    def magic_attack(self, enemy):
        if self.mp > 0:
            print(self.name, '消耗10个魔法值对', enemy.name, '释放魔法')
            self.mp -= 10
            enemy.reduce_hp(30)
        else:
            self.mp = 0
            print('没有魔法值,无法攻击')

class Warrior(Civilian):

    def basic_attack(self, enemy):
        Civilian.basic_attack(self, enemy)
        print('挑衅:你太弱小了,根本不配和我战斗!')

    def sword_attack(self, enemy):
        print(self.name, '对', enemy.name, '使用华丽剑技')
        enemy.reduce_hp(20)


civilian = Civilian('Tom')
print(civilian.name)
                                                    Ln: 21
```

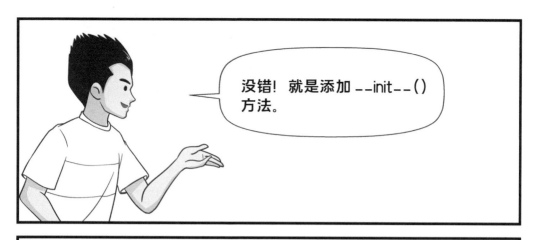

没错！就是添加 __init__()方法。

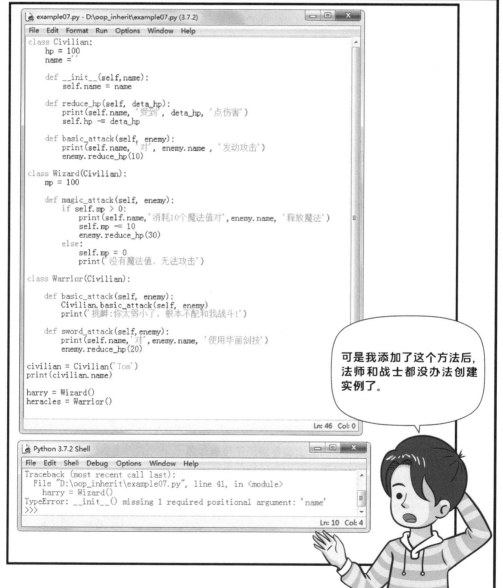

```python
class Civilian:
    hp = 100
    name ='

    def __init__(self,name):
        self.name = name

    def reduce_hp(self, deta_hp):
        print(self.name, '受到', deta_hp, '点伤害')
        self.hp -= deta_hp

    def basic_attack(self, enemy):
        print(self.name, '对', enemy.name , '发动攻击')
        enemy.reduce_hp(10)

class Wizard(Civilian):
    mp = 100

    def magic_attack(self, enemy):
        if self.mp > 0:
            print(self.name,'消耗10个魔法值对',enemy.name, '释放魔法')
            self.mp -= 10
            enemy.reduce_hp(30)
        else:
            self.mp = 0
            print('没有魔法值，无法攻击')

class Warrior(Civilian):

    def basic_attack(self, enemy):
        Civilian.basic_attack(self, enemy)
        print('挑衅:你太弱小了，根本不配和我战斗！')

    def sword_attack(self, enemy):
        print(self.name, '对',enemy.name, '使用华丽剑技')
        enemy.reduce_hp(20)

civilian = Civilian('Tom')
print(civilian.name)

harry = Wizard()
heracles = Warrior()
```

可是我添加了这个方法后，法师和战士都没办法创建实例了。

```
Traceback (most recent call last):
  File "D:\oop_inherit\example07.py", line 41, in <module>
    harry = Wizard()
TypeError: __init__() missing 1 required positional argument: 'name'
>>>
```

```
example08.py - D:\oop_inherit\example08.py (3.7.2)                    ×
File  Edit  Format  Run  Options  Window  Help
class Civilian:
    hp = 100
    name =''

    def __init__(self,name):
        self.name = name

    def reduce_hp(self, deta_hp):
        print(self.name, '受到', deta_hp, '点伤害')
        self.hp -= deta_hp

    def basic_attack(self, enemy):
        print(self.name, '对', enemy.name , '发动攻击')
        enemy.reduce_hp(10)

class Wizard(Civilian):
    mp = 100  ────────────────── 隐含有继承自父类的__init__()方法
    def magic_attack(self, enemy):
        if self.mp > 0:
            print(self.name,'消耗10个魔法值对', enemy.name, '释放魔法')
            self.mp -= 10
            enemy.reduce_hp(30)
        else:
            self.mp = 0
            print('没有魔法值，无法攻击')

class Warrior(Civilian):  ────── 隐含有继承自父类的__init__()方法
    def basic_attack(self, enemy):
        Civilian.basic_attack(self, enemy)
        print('挑衅:你太弱小了，根本不配和我战斗!')

    def sword_attack(self, enemy):
        print(self.name, '对', enemy.name, '使用华丽剑技')
        enemy.reduce_hp(20)

civilian = Civilian('Tom')
print(civilian.name)
harry = Wizard('哈利·波特')          给__init__()方法传参
heracles = Warrior('赫拉克勒斯')
print(harry.name)
print(heracles.name)
```

```
Python 3.7.2 Shell                                                    ×
File  Edit  Shell  Debug  Options  Window  Help
Tom
哈利·波特
赫拉克勒斯
>>>
                                                              Ln: 8
```

这是因为法师类和战士类都继承了带有参数的__init__()方法，它们实例化的时候会自动调用__init__()方法，所以也必须传入name参数，按照上面代码演示中蓝色框中的写法来传参就可以了。

给平民类的 --init--() 方法的 name 参数设置默认值是不是也可以?

非常正确!

这样在创建法师对象和战士对象的时候, 我们既可以在实例化的时候修改 name 属性, 也可以不修改它。

注意旁边代码加红线的地方!

example09.py - D:\oop_inherit\example09.py (3.7.2)

File Edit Format Run Options Window Help

```python
class Civilian:
    hp = 100
    name = ''

    def __init__(self, name='无名氏'):
        self.name = name

    def reduce_hp(self, deta_hp):
        print(self.name, '受到', deta_hp, '点伤害')
        self.hp -= deta_hp

    def basic_attack(self, enemy):
        print(self.name, '对', enemy.name, '发动攻击')
        enemy.reduce_hp(10)

class Wizard(Civilian):
    mp = 100

    def magic_attack(self, enemy):
        if self.mp > 0:
            print(self.name, '消耗10个魔法值对', enemy.name, '释放魔法')
            self.mp -= 10
            enemy.reduce_hp(30)
        else:
            self.mp = 0
            print('没有魔法值, 无法攻击')

class Warrior(Civilian):

    def basic_attack(self, enemy):
        Civilian.basic_attack(self, enemy)
        print('挑衅:你太弱小了, 根本不配和我战斗!')

    def sword_attack(self, enemy):
        print(self.name, '对', enemy.name, '使用华丽剑技')
        enemy.reduce_hp(20)

civilian = Civilian('Tom')
print(civilian.name)
harry = Wizard('哈利·波特')
warrior = Warrior()
print(harry.name)
print(warrior.name)
```

Python 3.7.2 Shell

File Edit Shell Debug Options Window Help

```
Tom
哈利·波特
无名氏
>>>
```

229

让我来仔细调查一下是什么原因!

原来如此!

小酷,我今天要讲的文件(File)正好能解释你的问题。

莫非是你故意给我下的绊子?

计算机有两种存储设备——**内存储器和外存储器**。

虽然它们都是用来保存数据的,但无论外形还是特点都差别巨大。

我们常见的硬盘属于外存储器,而内存条就属于内存储器。

这两种存储器有啥区别啊?

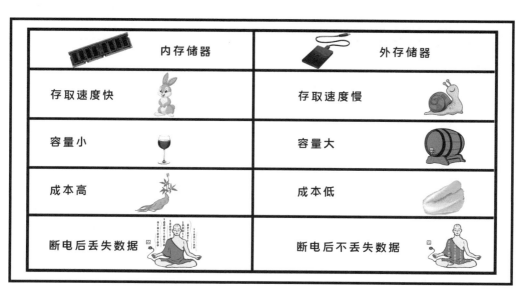

内存储器		外存储器	
存取速度快		存取速度慢	
容量小		容量大	
成本高		成本低	
断电后丢失数据		断电后不丢失数据	

啰唆了这么多，和我碰到的问题有啥关系啊？

在编程中，变量中的数据只能保存在内存（内存储器）中，而我今天要讲的文件则可以把数据保存到硬盘（外存储器）中。

小酷，难道你还不明白为什么你写的总结化为一缕青烟无影无踪了吗？

嗯……到底是怎么回事呢？

我明白了！

input()函数把我从键盘输入的文字信息都保存在变量中，而变量的数据是保存在内存中的，计算机关闭断电后信息就丢失了。

233

 输入 → WPS 文件 → 保存

硬盘

持久保存，断电后依然存在

 输入 → 变量 → 保存

内存

临时保存，断电后数据丢失

保存在变量中的数据，即使计算机不断电，只要程序终止数据就丢失了！

文件嘛……顾名思义，就相当于我们日常生活中见到的文件，用于存放信息。

计算机的文件可以分为**文本文件**和**二进制文件**。

那赶紧给我们讲讲文件呗。

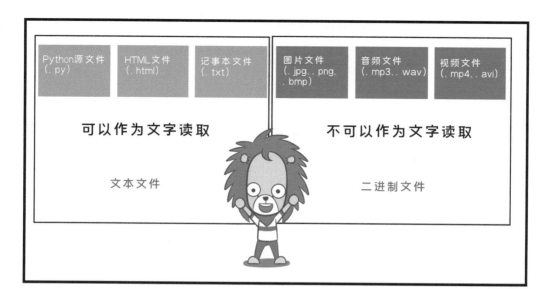

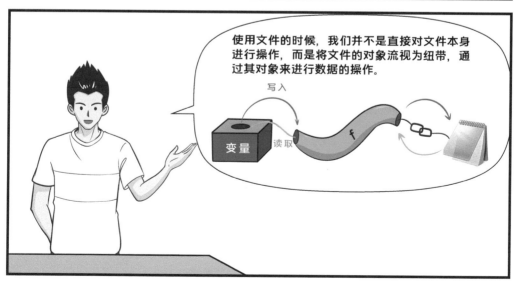

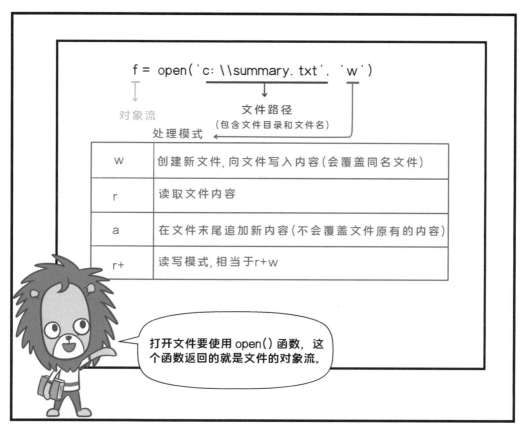

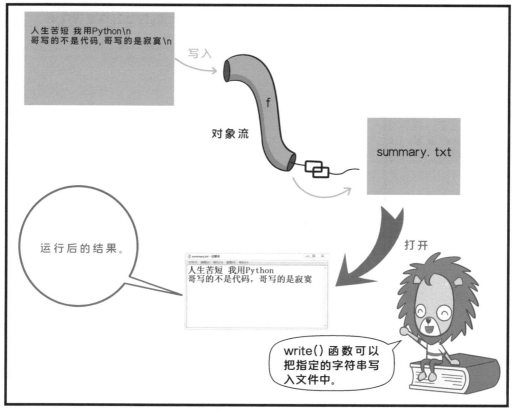

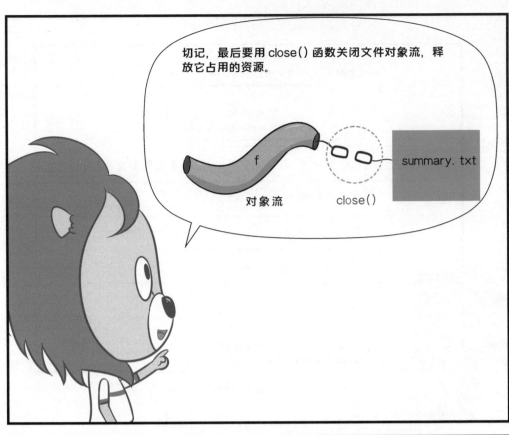

切记，最后要用 close() 函数关闭文件对象流，释放它占用的资源。

对象流   close()   summary.txt

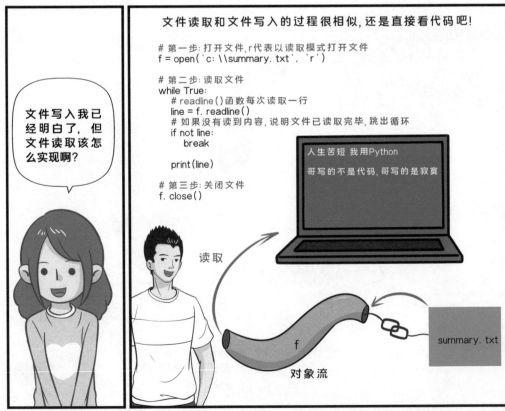

文件写入我已经明白了，但文件读取该怎么实现啊？

文件读取和文件写入的过程很相似，还是直接看代码吧!

```
# 第一步: 打开文件,r代表以读取模式打开文件
f = open('c: \\summary.txt', 'r')

# 第二步: 读取文件
while True:
    # readline()函数每次读取一行
    line = f.readline()
    # 如果没有读到内容,说明文件已读取完毕,跳出循环
    if not line:
        break

    print(line)

# 第三步: 关闭文件
f.close()
```

人生苦短 我用Python

哥写的不是代码,哥写的是寂寞

读取

对象流

读个文件还得写个复杂的循环，有没有更省事的办法啊?

小酷这家伙，写程序总是想省事。

当然有啊，用read()函数可以一次读取文件的所有内容。

```
# 读取文件的所有内容
content = f.read()
print(content)
```

那要从文件中读取指定字符数的内容，又该怎么办?

人生苦

读取

summary.txt

人生苦短 我用Python
哥写的不是代码,哥写的是寂寞

f

对象流

给read()函数加参数呗! 读取文件中指定字符数的内容，比如读取 3 个字符。

```
content = f.read(3)
print(content)
```

今天我们来说模块!

什么是模块?

其实我们很早就见过它了,只不过当时大家入门尚浅,我就有意没提它。

现在是时候说一说了。在 Python 中,模块就是一个扩展名是 .py 的文本文件。

xxx. py

这倒是老熟人了!

还记得在之前的章节中,小酷把函数比作积木吗?

不记得!

你这个捣蛋鬼!

记得了!

240

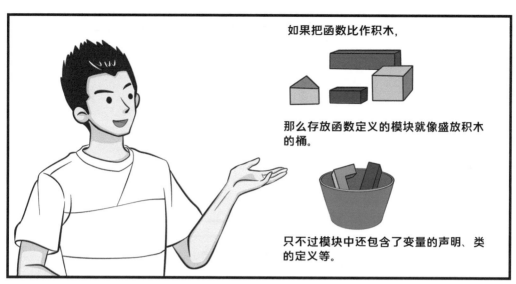

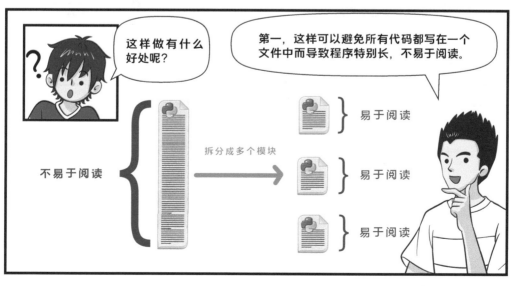

241

第二，将不同功能的代码放在不同的模块，其他人更容易理解你的代码。

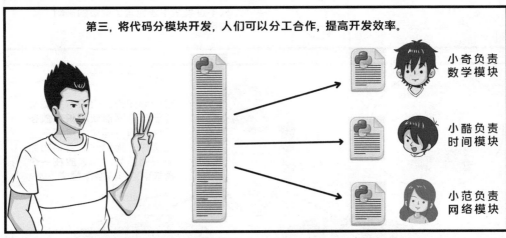

各种功能混在一起 { → 数字相关
→ 时间相关
→ 网络相关

第三，将代码分模块开发，人们可以分工合作，提高开发效率。

小奇负责数学模块

小酷负责时间模块

小范负责网络模块

第四，有些代码（比如一个函数）我们在一个文件中编写过，后来又想在另一个文件的代码中使用它，那么还要再写一遍，这就造成了代码的重复。

使用模块则可以解决这个问题。

小奇的数学模块.py

我负责数学模块。

我的程序需要数学相关功能，可以使用小奇写的模块。

我的模块也需要数学相关功能，同样可以使用小奇的模块。

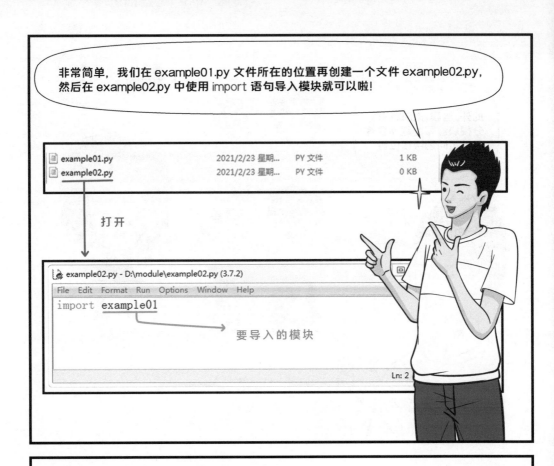

非常简单，我们在 example01.py 文件所在的位置再创建一个文件 example02.py，然后在 example02.py 中使用 import 语句导入模块就可以啦!

| example01.py | 2021/2/23 星期... | PY 文件 | 1 KB |
| example02.py | 2021/2/23 星期... | PY 文件 | 0 KB |

打开

example02.py - D:\module\example02.py (3.7.2)

File　Edit　Format　Run　Options　Window　Help

import example01

要导入的模块

Ln: 2

模块虽然导入进来了，我该怎么使用导入的变量、方法或类呢?

要使用导入模块中的变量（或常量）、方法、类，只需要在它们前面加上导入模块的模块名即可。

example02.py - D:\module\example02.py (3.7.2)

File　Edit　Format　Run　Options　Window　Help

import example01

print(example01.PI) ——→ 模块名.常量名

print(example01.absolute(-10)) ——→ 模块名.方法名()

circle = example01.Circle(1) ——→ 模块名.类名()

print(circle)

Python 3.7.2 Shell

File　Edit　Shell　Debug　Options　Window　Help

Python 3.7.2 (tags/v3.7.2:9a3ffc0492, Dec 23 2018, 23:09:28) [MSC v.1916 64 bit (AMD64)] on win32
Type "help", "copyright", "credits" or "license()" for more information.
>>>
===================== RESTART: D:\module\example02.py =====================
====
3.1415
10
<example01.Circle object at 0x0000000002B3B208>
>>>

Ln: 8 Col: 4

如果模块名太长，我们可以给导入的模块取个别名，语法如下：

import 模块名 as 别名

下面是一个使用的案例：

import example01 as ex

print(ex.PI)

有时候我们只需要用到模块中的一个指定部分，这时可以通过 from ... import ... **语句实现。**

下面是导入模块指定部分的案例:

标明要导入的东西

```
from example01 import PI, absolute

print(PI)
print(absolute(-10))
```

```
Python 3.7.2 (tags/v3.7.2:9a3ffc0492, Dec 23 2018, 23:09:28) [MS
it (AMD64)] on win32
Type "help", "copyright", "credits" or "license()" for more inf
>>>
===================== RESTART: D:/module/example03.py ========
3.1415
10
>>>
```

Python 为大家准备了很多内置模块，比如 math 模块、time 模块、random 模块等，用于帮助大家加快开发速度。